K Ramesh Kumar
M Selva Raj

PREVISÃO E MELHORAMENTO DA VELOCIDADE DE ALIMENTAÇÃO DE AR NUMA TURBINA EÓLICA INVELOX

K Ramesh Kumar
M Selva Raj

PREVISÃO E MELHORAMENTO DA VELOCIDADE DE ALIMENTAÇÃO DE AR NUMA TURBINA EÓLICA INVELOX

ScienciaScripts

Imprint

Cover image: www.ingimage.com

This book is a translation from the original published under ISBN 978-620-3-02960-4.

Publisher:
Sciencia Scripts
is a trademark of
Dodo Books Indian Ocean Ltd. and OmniScriptum S.R.L publishing group

120 High Road, East Finchley, London, N2 9ED, United Kingdom
Str. Armeneasca 28/1, office 1, Chisinau MD-2012, Republic of Moldova, Europe
Managing Directors: Ieva Konstantinova, Victoria Ursu
info@omniscriptum.com

Printed at: see last page
ISBN: 978-620-8-61380-8

PREVISÃO E MELHORIA DA VELOCIDADE COM RECURSO A IA NAS TURBINAS EÓLICAS INVELOX

PREFÁCIO

À medida que o mundo se orienta cada vez mais para as energias sustentáveis e renováveis, a energia eólica surge como uma alternativa vital aos combustíveis fósseis. Conhecida pela sua abundância, limpeza e capacidade de renovação, a energia eólica apresenta um imenso potencial para responder à crescente procura global de energia. Este livro apresenta uma abordagem inovadora para melhorar o desempenho das turbinas eólicas, centrando-se na conceção e otimização de um sistema de turbinas eólicas com reforço de difusor.

No centro desta investigação está o design I2NS2F, que integra um funil de entrada omnidirecional, um ventilador natural, um difusor reto, um divisor e uma flange para aumentar a velocidade do vento e otimizar a produção de energia nas turbinas eólicas INVELOX. O design incorpora componentes essenciais, tais como um funil de entrada com palhetas-guia, um ventilador natural, uma secção de fluxo reto, um divisor de saída com aberturas de ar e uma flange de extremidade, todos trabalhando em conjunto para maximizar a captação de energia eólica.

O estudo explora quatro configurações diferentes de turbinas eólicas, cada uma delas incorporando elementos avançados destinados a melhorar a velocidade do vento e o desempenho global. Através de simulações rigorosas utilizando o MATLAB Simulink e o Ansys Fluent, juntamente com técnicas de otimização como o Controlo de Supervisão e Aquisição de Dados (SCADA), a conceção I2NS2F demonstrou atingir uma velocidade do vento notável de 53 m/s, ultrapassando o desempenho de outras concepções.

Para além do design mecânico, este livro aborda o desafio de prever a velocidade do vento em tempo real, um fator crucial para otimizar o desempenho da turbina. Para resolver este problema, foi desenvolvido um modelo de Aprendizagem Profunda (DL) utilizando uma abordagem melhorada de Memória de Curto Prazo Longo (LSTM), optimizada pelos algoritmos de

Otimização da Viúva Negra (BWO) e Otimização da Mosca-Maia (MFO). Este modelo orientado por IA demonstrou alta precisão na previsão das velocidades do vento, fornecendo informações valiosas para aumentar a eficiência operacional das turbinas eólicas.

A validação das concepções propostas foi realizada através de simulações numéricas e testes experimentais utilizando um modelo impresso em 3D num túnel de vento subsónico, garantindo a fiabilidade dos resultados. O modelo final, MFBW-LSTM (Enhanced LSTM with BWO and MFO), alcançou uma impressionante precisão de previsão de 95,34%, provando ser uma ferramenta altamente eficaz para melhorar o desempenho das turbinas eólicas.

Este livro representa o culminar de uma extensa investigação, de uma conceção inovadora e da aplicação de técnicas de IA de ponta na energia eólica. Oferece novas perspectivas sobre a integração da IA na tecnologia das turbinas eólicas e abre caminho para futuros avanços na produção de energias renováveis.

DR. K RAMESH KUMAR

DR. M SELVARAJ

ÍNDICE DE CONTEÚDOS

LISTA DE SÍMBOLOS E ABREVIATURAS

3D	:	3 Dimensional
ACRIS	:	Aerodynamic Controllable Roof for INVELOX Structure
AI	:	Artificial Intelligence
ANN	:	Artificial Neural Network
BWO	:	Black Widow Optimization
BW-LSTM	:	Enhanced LSTM with BWO
CAD	:	Computer-Aided Design
CFD	:	Computational Fluid Dynamics
CNN	:	Convolutional Neural Network
CP	:	Co-efficient of Performance
DAWT	:	Diffuser Augmented Wind Turbine
DL	:	Deep Learning
DOF	:	Degree of Freedom
E_G	:	Generator Efficiency Rating
E_T	:	Turbine Efficiency Rating
E_w	:	Whirlpool Loss
FDM	:	Fused Deposition Modeling
FFM	:	Fused Filament Fabrication
FVM	:	Finite Volume Method
GRU	:	Gated Recurrent Unit
GUI	:	Graphical User Interface
HAWT	:	Horizontal Axis Wind Turbine
IEC	:	International Electro technical Commission
INVELOX	:	Increased velocity in Omni-directional
I^2NS^2F	:	Integrated omni-directional Intake funnel, Natural fan, Straight diffuser, Splitter Flange design
KE	:	Kinetic energy

k-□	:	k (Turbulent Kinetic Energy) -□(Dissipation Rate) turbulence model
k-□	:	k (Turbulent Kinetic Energy) -□ (Specific Dissipation Rate) turbulence model
LSTM	:	Long Short-Term Memory
MAE	:	Mean Absolute Error
MAPE	:	Mean Absolute Percentage Error
MFBW-LSTM	:	Enhanced LSTM with BWO and MFO
MFO	:	Mayfly Optimization
MF-LSTM	:	Enhanced LSTM with MFO
MSE	:	Mean Squared Error
NACA	:	National Advisory Committee for Aeronautics
PLA	:	Poly Lactic Acid Material
RANS	:	Reynolds-Averaged Navier-Stokes turbulence model
RMSE	:	Root Mean Squared Error
RNN	:	Recurrent Neural Network
RSO-SCADA	:	Random Search Optimization with Supervisory Control and Data Acquisition
SR	:	Speed Ratio
SST K-□	:	Shear Stress Transport K-□ model
STL	:	Standard Triangle Language / Standard Tessellation Language
TP	:	Test Port
TSR	:	Tip Speed Ratio
VAWT	:	Vertical Axis Wind Turbine
WT	:	Wind Turbine

CAPÍTULO 1

INTRODUÇÃO

1.1 ANTECEDENTES

Na última década, as questões energéticas tornaram-se uma grande preocupação em muitos países, estimulando uma evolução para as energias renováveis. A utilização de recursos eólicos abundantes para a produção de energia pode contribuir para o desenvolvimento de um modelo energético e para uma melhor afetação de recursos numa economia em crescimento. O vento é um recurso natural que contribui significativamente para a produção de energia renovável. A energia eólica é considerada livre de poluição e pode ser caracterizada pela direção, velocidade e duração. As previsões da velocidade do vento são cruciais para otimizar a utilização dos recursos de energia eólica. As técnicas de aprendizagem profunda (AP) estão a ser rapidamente aplicadas para aumentar a previsão da velocidade do vento e a eficiência do sistema de energia eólica. Este capítulo destaca a importância das turbinas eólicas, as estratégias de aprendizagem profunda para prever a velocidade do vento, a análise computacional de configurações de design de turbinas eólicas para melhorar o desempenho do sistema, bem como a impressão 3D para o fabrico personalizado de componentes complexos de turbinas eólicas.

1.1.1 Energia eólica

A procura de recursos energéticos cresce a par do crescimento da população. Consequentemente, espera-se que a produção de energia seja limpa e respeitadora do ambiente. O consumo futuro de energia será gradualmente substituído por fontes de energia renováveis. Assim, a energia produzida a partir de fontes reversíveis, como a luz solar, o vento, a chuva, a energia das marés e o calor geotérmico, é designada por energia renovável. A energia eólica é uma forma de energia renovável que pode ser aproveitada por turbinas eólicas, tanto para as pessoas como para o ambiente. Para atenuar o efeito de estufa do planeta e travar o aumento da temperatura global, são necessárias energias renováveis. A energia eólica é abundante, não poluente, disponível localmente, não radioactiva e de natureza inesgotável. A eletricidade produzida por turbinas eólicas reduziu as emissões de gases com efeito de estufa (Trevor 2017). Porque a energia eólica está a emergir como líder no atual processo de transformação energética. A energia eólica tem uma solução tecnológica bem estabelecida que foi rapidamente integrada nos sistemas de energia. Além disso, uma conceção cada vez mais madura tem sido capaz de proporcionar poupanças de custos significativas através de avanços tecnológicos consistentes, melhorias significativas na cadeia de abastecimento, uma diminuição do prémio de risco, uma maior certificação dos promotores e operadores e uma dimensão de mercado considerável. Ao contrário dos recursos não renováveis, a fonte de energia renovável da energia eólica tem proporcionado um crescimento sustentável para a nação (Gil-García *et al.* 2019).

A grave poluição atmosférica global e as alterações climáticas têm sido causadas pela utilização excessiva de combustíveis fósseis tradicionais e de hidrocarbonetos para a produção de energia. No entanto, a energia eólica está normalmente a reduzir os efeitos das alterações climáticas e a conduzir a uma sociedade com baixas emissões de carbono (Cui *et al.* 2020). Em dezembro de 2015, foi feito um acordo internacional em Paris, França, para financiar 100 mil milhões de dólares em projectos para reduzir as emissões de gases com efeito de estufa, limitar o aumento da temperatura global e acelerar a transição para fontes de energia renováveis (UN FCCC 2015). De acordo com o Relatório sobre a Situação Global das Energias Renováveis 2021 (REN21), até ao final de 2020, as fontes de energia renováveis deverão representar mais de 29% da produção mundial de eletricidade. Para cumprir os objectivos de mitigação das alterações climáticas da UNFCC COP 21 Paris 2015, é necessário que a produção de energia se baseie ainda mais em fontes de energia renováveis, cuja procura aumenta com o aumento da população mundial. Além disso, os países com as percentagens mais elevadas de eletricidade produzida a partir do vento foram a Dinamarca (48%), a Irlanda (38%), a Alemanha (27%), Portugal (25%) e Espanha (22%). De acordo com dados da Administração de Informação sobre Energia dos EUA, em 2020 foram acrescentados 93 GW de capacidade adicional de energia eólica (Bórawski *et al.* 2020). Consequentemente, a capacidade global acumulada de energia eólica aumentou para 743 GW. Assim, a produção de energia eólica tem aumentado de forma constante ao longo do tempo. Além disso, a energia eólica é a segunda maior fonte de energia renovável (GWEC 2021).

De acordo com a Agência Internacional da Energia (AIE), a Índia terá uma capacidade total de produção de eletricidade de 1835 GW até 2040, dos quais 1217 GW serão provenientes de fontes de energia renováveis e 337 GW de energia eólica. Além disso, a Autoridade Central de Eletricidade (CEA) do governo indiano determina que, até 2030, a energia eólica deve fornecer 140 GW. Para atingir estas enormes expectativas, o sector eólico deve crescer a um ritmo de 10 GW por ano a partir de 2022, em comparação com o ritmo atual de apenas

1,5 GW por ano.

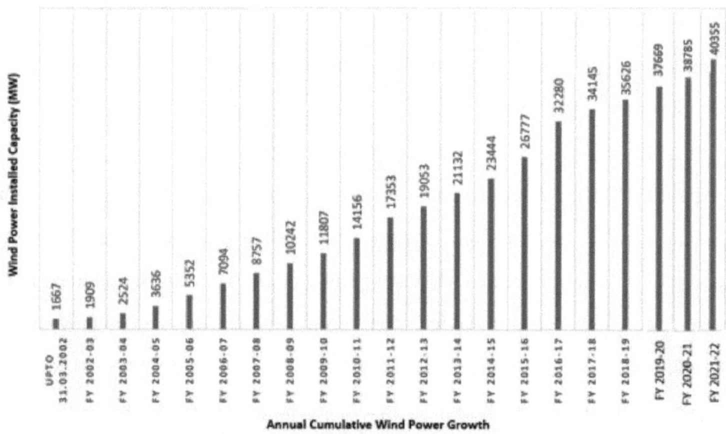

Figura 1.1 Capacidade de energia eólica da Índia e expansões anuais (2002 - 2022)

A capacidade de energia eólica da Índia e as expansões anuais de 2002 a 2022 são apresentadas na Figura 1.1. Isto indica que o crescimento da energia eólica na Índia tem um potencial significativo (Srinivas 2022). Os recursos naturais que derivam do vento são designados por energia eólica. É a energia renovável mais experiente e eficaz. O vento é criado pela interação das forças de fricção, coriolis e gradiente de pressão. À medida que a força do gradiente de pressão aumenta, melhora consequentemente a força do vento. A melhor tecnologia para produzir energia de forma segura e sustentável é a produção de energia eólica. Trata-se de uma técnica que transforma a energia cinética do ar, que é a energia produzida pelo movimento das pás das turbinas eólicas, em energia eléctrica (Manwell *et al.* 2009).

O desempenho de uma turbina eólica baseia-se na velocidade cúbica do vento e na potência de saída da turbina, que são proporcionais entre si. Isto significa que a melhoria da velocidade do vento pode aumentar consideravelmente a potência de saída. As VAWT e HAWT estão a ser instaladas em vários países para produzir eletricidade (Johari *et al.* 2018). O difusor do tipo flangeado é um dispositivo que recolhe e acelera o vento que entra. Através da formação de vórtices, o flange cria uma região de baixa pressão na saída do difusor, atraindo mais fluxo de massa para a turbina eólica dentro da conduta do difusor. Esta conceção aumenta a potência de saída quatro a cinco vezes em relação às turbinas eólicas convencionais. A turbina eólica com cobertura roda no plano horizontal e está sempre virada para a direção do vento que se aproxima devido ao flange. Além disso, o difusor reduz o ruído da ponta das pás da turbina e aumenta a proteção contra a queda das pás. (Yuji Ohyaa *et al.* 2008).

Mecanismo de fluxo baseado em difusor flangeado concebido utilizando as equações de Navier-Stokes com média de Reynolds por Mansour & Meskinkhoda (2014). Graças a este mecanismo, o coeficiente de potência é alcançado em termos de estabilização da altura da flange e do ângulo de abertura do difusor em diferentes condições. Para um escoamento complicado da turbina, o presente trabalho mantém uma previsão razoável da produção de energia eólica. O conceito de DAWT foi investigado por Kannan *et al.* (2013) para aumentar a velocidade do vento e a potência de saída. A DAWT é utilizada para obter mais energia da fonte. Além disso, devido às regiões de baixa pressão, a DAWT com flange atrai mais vento através dos rotores do que uma turbina eólica nua (Alpman 2018). Como resultado, a velocidade do vento atingível pelo difusor na DAWT é melhorada para gerar uma elevada potência (Khodayar & Wang 2018).

Turbina eólica com bocal-difusor que recolhe o vento em Omni-direcional para aumentar a potência eólica através da aceleração do rotor da turbina. Esta conceção é designada por INVELOX, que significa aumento da velocidade em omnidirecional (Allaei & Andreopoulos 2014). A INVELOX é uma turbina eólica integrada com três fases: coletor de vento, concentrador e difusor. Na secção do coletor eólico, é colocada uma tremonha de entrada no topo, que capta o vento de todas as direcções. A secção seguinte é um concentrador que recolhe o vento através de um funil que capta a velocidade máxima. A secção final é o difusor, que expele automaticamente o excesso de vento para o ambiente. O difusor é composto por três secções: convergente, de risco e divergente. O vento é acelerado através de uma secção convergente para atingir o rotor da turbina, resultando numa menor velocidade na parte divergente final. A secção da garganta de risco contém uma turbina eólica concebida para amplificar a velocidade do vento, gerando energia eléctrica. Quando duas turbinas são colocadas na secção de risco, então o rotor secundário correspondente consome uma quantidade menor de potencial de energia do que o rotor primário. O INVELOX tem uma potência potencial melhor do que o estágio único ao usar turbinas de vários estágios (Solanki *et al.* 2017).

Sempre que uma energia eólica é testada para acelerar a velocidade do vento circundante como fator 2 na INVELOX, então esta gera a potência de saída como uma quantidade aumentada de 4-8 factores. Ao contrário das turbinas eólicas convencionais, a INVELOX actua melhor ao atingir 6-8 vezes mais energia na secção da garganta de risco com uma velocidade do vento de 11,9 m/s. Com esta justificação, a INVELOX gera maior potência do que as outras turbinas eólicas tradicionais (Patel 2018). Embora as turbinas omnidireccionais proporcionem uma potência superior, estão limitadas pela precisão das previsões de potência flutuante. Por conseguinte, é montado um rotor duplo na turbina para reduzir a perda correspondente. A saída de uma turbina de rotor duplo tem maior velocidade, que é duas vezes maior que a velocidade de entrada.

Anbarsooz *et al.* (2017) explicaram numericamente o desempenho aerodinâmico do INVELOX através de parâmetros geométricos. Os efeitos do diâmetro do empreendimento, da altura do funil e da área de entrada exibem velocidade melhorada e coeficiente de potência aumentado para o design do INVELOX. O desempenho aerodinâmico da velocidade do vento atinge um máximo, e então a força em torno da base do INVELOX pode não ser estável. Esta instabilidade cria um grande problema para a estrutura do INVELOX. Como resultado, o ACRIS foi concebido para melhorar a durabilidade estrutural e pode aumentar a eficiência do fluxo de vento para o INVELOX através de um esquema de telhado aerodinâmico controlado. Esta conceção estrutural é ideal para aumentar a eficiência do sistema, limitando simultaneamente a quantidade de vento que escapa do sistema (Golozar *et al.* 2021).

Inicialmente, são criadas quatro concepções distintas de turbinas eólicas e o vento é acelerado na sua direção. Devido à aproximação do vento de entrada com base na direção do vento, são executados quatro conceitos individualmente para avaliar o desempenho da velocidade do vento. Utilizando o MATLAB Simulink, são geradas quatro concepções e são determinadas as suas dimensões optimizadas. Depois disso, o projeto I^2NS^2F proposto é simulado na ferramenta Ansys para obter a velocidade real do vento e a queda de pressão. Numa região de menor velocidade do vento, a velocidade do vento das quatro turbinas eólicas é examinada comparativamente e o resultado é apresentado na conclusão.

1.1.2 Aprendizagem profunda

A energia eólica é uma energia abundante, não poluente, disponível localmente e renovável. A natureza estocástica e irregular do vento é uma dificuldade contínua para a indústria de produção de energia eólica; por conseguinte, a previsão da potência é incerta (Zhu *et al.* 2021). De acordo com os dados desenvolvidos sobre a velocidade média do vento, a energia eólica aumenta no inverno e diminui no outono (Ohba 2019). Muitos domínios, incluindo a meteorologia, as ciências ambientais e a indústria aeroespacial, são essenciais para medir a velocidade do vento (Wang *et al.* 2018).

É do conhecimento geral que os modelos de Redes Neuronais Artificiais (RNA) são utilizados para uma série de aplicações de previsão ao longo do tempo. Uma RNA é uma tecnologia de computação inteligente que replica as caraterísticas da rede cerebral biológica humana. A não-linearidade, a adaptabilidade, os grandes volumes de dados e a natureza da generalização são algumas das principais caraterísticas das redes neuronais. As redes neuronais demonstram a sua eficácia como ferramenta para a previsão exacta da velocidade do vento com base nos parâmetros de entrada devido a estas propriedades incorporadas. Foram feitas muitas aplicações de redes neurais, incluindo previsão, reconhecimento, processamento de imagens, classificação e muito mais (Fu 2003).

A velocidade do vento é prevista utilizando a técnica ANN, uma vez que a velocidade do vento tem uma natureza não linear. O bloco de construção fundamental das redes neuronais, que se inspiram principalmente no funcionamento biológico do modelo do cérebro humano, é o neurónio artificial. A RNA não necessita de equações matemáticas formais do sistema; minimiza o erro automaticamente utilizando a informação disponível de entradas e saídas. Além disso, tem muitas outras qualidades, tais como representação e computação distribuídas, processamento de informação contextual inerente, capacidade de generalização, capacidade de aprendizagem, adaptabilidade e muitas outras (Kulkarni *et al.* 2008). Esta velocidade do vento é transformada em energia eólica com a ajuda de turbinas eólicas e as previsões da velocidade do vento são examinadas utilizando o modelo de rede neural (Allison *et al.* 2019).

Foram desenvolvidos muitos métodos de previsão da velocidade do vento. As leis físicas e os parâmetros meteorológicos são utilizados pelas abordagens físicas para construir modelos matemáticos de previsão da energia eólica. Estas abordagens necessitam de um tempo de cálculo significativo, o que não é adequado para previsões a curto prazo. Os modelos de aprendizagem automática nas séries de velocidade do vento são poderosos, com excelente competência de generalização para simular o comportamento dinâmico. A aprendizagem profunda, a floresta isolada e os modelos melhorados também são utilizados para prever a energia eólica (Zi *et al.* 2020). As redes neurais artificiais (ANN), as redes neurais de Elman (ENN), as máquinas de vectores de apoio (SVM) e o modelo de média móvel auto-regressiva (ARMA) são modelos mais avançados (Li *et al.* 2021). Os modelos tradicionais de aprendizagem automática prevêem a velocidade do vento utilizando um único ou vários conjuntos de dados. Estes métodos são frequentemente aplicados para dados de tendência precisa da velocidade do vento. Além disso, com o crescimento dos modelos de aprendizagem profunda, estes são cada vez mais utilizados para o problema da previsão da velocidade do vento (Liu *et al.* 2018). Para estudar o problema da previsão, as redes neuronais profundas normalmente utilizadas são a LSTM, a Máquina de Boltzmann Restrita (RBM), os codificadores automáticos e a Rede Neural Convolucional (CNN) (Liu *et al.* 2020).

Além disso, a turbina eólica INVELOX capta o vento de todas as direcções e acelera-o com uma boa eficiência da turbina (Allaei & Andreopoulos 2014). Além disso, vários modelos INVELOX com design de risco e seus contornos de velocidade foram examinados por CFD (Gohar *et al.* 2019). Como resultado, o design avançado da INVELOX usou um novo modelo de previsão para prever a velocidade em diferentes áreas. Aqui, o LSTM melhorado é utilizado para o processo de previsão, e o LSTM é atualizado utilizando a otimização da viúva negra com o algoritmo de otimização Mayfly. Além disso, o cálculo da potência também é efectuado aplicando a equação de estimativa da potência da turbina eólica.

1.1.3 Dinâmica de fluidos computacional (CFD)

O CFD utiliza equações matemáticas para prever o fluxo de fluidos, o calor, a transferência de massa e outros fenómenos relacionados. Resolve as equações de conservação, momento e energia para o fluido que circula em conjunto com o modelo matemático. O Método dos Volumes Finitos (FVM) é a técnica mais comummente utilizada em CFD. Enquanto a massa, o momento e a energia são sempre conservados, as variáveis são continuamente diferenciáveis através de choques no FVM. O método CFD inclui a criação da geometria, a discretização do domínio através de uma malha estruturada, a conversão da equação diferencial em forma algébrica, a avaliação da derivada através da expansão da série de Taylor e a solução iterativa. Para resolver o problema CFD, as hipóteses devem ser simplificadas e devem ser estabelecidas condições de fronteira adequadas. O pós-processador é o componente que analisa, visualiza e anima os resultados, incluindo a variação de variáveis escalares, gráficos vectoriais, gráficos e cálculos numéricos quantitativos (Versteeg & Malalasekera 2007).

A simulação numérica CFD fornece estudos de alta qualidade e à escala real para recolher dados em todo o campo de escoamento. Tanto a montante como a jusante da turbina, o CFD fornece informações completas. Determina também a interação das turbinas com o difusor e o fluxo de fluido devido à grande variação das condições atmosféricas. A modelação da turbulência é um desafio essencial na investigação CFD de turbinas eólicas. Normalmente, são utilizadas duas abordagens principais na realização de cálculos CFD. As equações RANS são resolvidas através da filtragem temporal das equações, enquanto as simulações de grandes turbilhões (LES) são resolvidas através da filtragem espacial das equações. Ambos os casos reproduzem o escoamento utilizando um modelo de turbulência. Os métodos RANS têm por objetivo fornecer uma descrição estatística do escoamento. A abordagem LES pode gerir escoamentos turbulentos anisotrópicos e instáveis. Os RANS devem ser sempre calculados na direção normal à parede, ao contrário dos LES, que requerem cálculos tridimensionais. A vantagem do RANS é que um cálculo totalmente resolvido pode ser concluído num computador de configuração modesta com apenas alguns milhões de pontos de malha, permitindo a realização de uma solução 3D completa.

O modelo SST k-ω foi concebido por Menter e combina a A independência do fluxo livre do modelo k-ε no campo distante com a formulação fiável do modelo k-ω na região próxima da parede. O modelo SST inclui um elemento derivado de difusão cruzada amortecida na equaçãoω . O modelo SST k-ω é mais preciso para ondas de choque transónicas, escoamento sobre aerofólios e escoamentos com gradientes de pressão adversos. O modelo de turbulência RANS SST K-ω foi utilizado neste estudo com base na física do escoamento (Sogukpinar 2020) devido à sua capacidade de resolver a velocidade perto da zona da parede e na região distante.

1.1.4 Impressão 3D

O método de criação de modelos físicos 3D a partir de ficheiros digitais é conhecido como impressão 3D. Trata-se de um tipo de processo de fabrico aditivo. Em primeiro lugar, foi criado um modelo 3D no software CAD SolidWorks e convertido para o formato de ficheiro STL. Além disso, os scanners 3D estão agora disponíveis para a geração de ficheiros de programação. Este programa utiliza computadores para transmitir os dados à placa principal da impressora. O material na extrusora começa a aquecer e o filamento começa a derreter quando o programa é entregue à impressora. De acordo com o código, este material derretido é depositado na mesa de impressão. De seguida, a impressão de camadas de um determinado material fabrica todo o desenho, umas sobre as outras, através da técnica FDM. Este é um dos processos mais rápidos para produzir produtos complexos no mais curto espaço de tempo, sem utilizar processos de fabrico complicados ou máquinas de grandes dimensões (Ben Redwood *et al.* 2017). Os materiais PLA foram escolhidos para utilização na turbina eólica impressa em 3D aqui descrita devido ao seu baixo custo, elevada disponibilidade, fiabilidade e necessidades limitadas de impressora (Bassett *et al.* 2015).

1. DECLARAÇÃO DO PROBLEMA

- Desenvolver turbinas eólicas inovadoras integradas do tipo INVELOX que sejam mais estáveis e eficientes na produção de mais energia eólica do que as turbinas eólicas tradicionais para zonas de baixa velocidade do vento, a fim de aumentar a produção de energia eólica.

- Prever a velocidade do vento não linear utilizando um modelo de aprendizagem profunda (DL) com um modelo único de Memória de Curto Prazo Longo (LSTM) melhorado através da implementação da Otimização da Viúva Negra (BWO) com a Otimização da Mosca-Maia (MFO).

1.3 OBJECTIVOS DO ESTUDO

Depois de examinar a literatura significativa sobre INVELOX, tipo difusor, divisor de extremidades e turbinas eólicas divergentes convergentes, existe uma procura de turbinas eólicas inovadoras de tipo integrado que sejam mais eficientes e estáveis em , gerando mais energia eólica do que as suas congéneres para zonas de baixa velocidade do vento. Com base no exposto, foram definidos os seguintes objectivos.

- Construir uma nova turbina eólica com parâmetros de design optimizados através da otimização por pesquisa aleatória e da configuração sugerida abaixo.
    - Conceção de turbinas eólicas nuas
    - Projeto de turbina eólica de difusor
    - Design de difusor em curva com funil de entrada, ventilador natural, divisor e design de flange
    - Conceção I^2NS^2F (funil de admissão omnidirecional integrado, ventilador natural, difusor reto, divisor e flange)
- Realizar o desenho I^2NS^2F na ferramenta CAD SolidWorks a partir dos parâmetros de desenho optimizados e executar a análise de escoamento de fluidos Ansys Fluent no desenho I^2NS^2F em várias secções ao longo do comprimento axial para extrair contornos de velocidade.

- Fabricar uma turbina eólica de eixo horizontal I^2NS^2F a baixas velocidades de vento utilizando o processo de impressão FDM e avaliar as velocidades do vento em várias portas de teste (TP) ao longo do comprimento axial do projeto I^2NS^2F na experiência em túnel de vento para validar os resultados computacionais.
- Desenvolver o modelo híbrido de aprendizagem profunda para prever a velocidade nas turbinas eólicas propostas utilizando um novo LSTM melhorado juntamente com BWO e MFO em programação Python.
- Para efetuar um estudo comparativo pormenorizado do modelo proposto
  O modelo MFBW-LSTM proposto (LSTM melhorado com BWO e MFO) deve ser efectuado com os modelos de previsão de aprendizagem profunda LSTM, BW-LSTM e MF-LSTM. modelos de previsão de aprendizagem profunda MF-LSTM.
- Examinar a eficácia dos modelos DL de previsão sugeridos utilizando medidas de desempenho como a exatidão, o MAE, o MAPE, o MSE e o RMSE.

1. SIGNIFICADO DO ESTUDO

O design da turbina eólica I^2NS^2F é único e abrangente, permitindo maior flexibilidade em várias condições de vento e potencial para maiores rendimentos energéticos. Além disso, esta conceção aumenta a velocidade do vento no interior do sistema de turbinas, melhorando a eficiência da conversão de energia, racionalizando o percurso do fluxo de ar, reduzindo as perdas de energia e extraindo mais energia de um determinado volume de ar.

O modelo de previsão MFBW-LSTM proposto é versátil e escalável, e melhora os processos de formação e aprendizagem ao incorporar abordagens de otimização evolutiva com um modelo DL. O LSTM combinado com BWO e MFO emprega as capacidades de exploração do algoritmo de otimização Mayfly e as capacidades de exploração do algoritmo de otimização Black Widow para identificar configurações de parâmetros superiores para a rede LSTM, melhorando o seu desempenho de previsão e robustez. A estratégia proposta supera os estudos anteriores em termos de taxa de previsão e métricas de erro mínimo para os conjuntos de dados em consideração

1. ÂMBITO DO ESTUDO

O design I^2NS^2F melhora a eficiência da captação de energia eólica, permitindo que a turbina capte o vento de todas as direcções, reduzindo a turbulência e aumentando a extração de energia do vento. A resiliência deste design a condições de vento flutuantes torna-o adequado para ser instalado numa grande variedade de ambientes, incluindo paisagens rurais e locais costeiros. Além disso, a conceção fechada destes componentes I^2NS^2F protege a vida selvagem e reduz o possível impacto negativo nos ecossistemas circundantes. Além disso, os componentes de conceção propostos podem minimizar os custos de produção e os requisitos de manutenção.

O modelo DL sugerido prevê as velocidades do vento com elevada precisão e fiabilidade, resultando numa previsão mais precisa da produção de energia eólica. Os modelos de previsão da velocidade do vento baseados em LSTM e em metodologias de otimização podem ajudar na disposição de parques eólicos, maximizando a produção de energia e minimizando os efeitos de esteira entre turbinas. Além disso, esta abordagem melhora a gestão de riscos e as metodologias de avaliação de recursos para projectos de energia eólica.

1.6 MOTIVAÇÃO DO ESTUDO

A investigação sobre energia eólica é significativamente motivada por uma variedade de factores que envolvem a procura global de energia, a transição para as energias renováveis, a atenuação das alterações climáticas, a segurança energética, a sustentabilidade ambiental e a política governamental.

Há uma escassez de investigações abrangentes que examinem a conceção, o desempenho e a otimização de todo o sistema integrado de turbinas eólicas. Os estudos anteriores concentraram-se possivelmente em componentes individuais e não nos efeitos sinérgicos da sua combinação para formar um sistema integrado

Embora existam modelos teóricos e simulações, pode não haver investigações de validação experimental suficientes para o projeto avançado da turbina eólica INVELOX. O teste de modelos físicos é fundamental para confirmar as estimativas de desempenho e compreender os verdadeiros desafios da instalação de um sistema tão complexo. A literatura pode não abordar adequadamente o desempenho da conceção avançada da INVELOX em condições de vento variáveis, como a baixa velocidade do vento à entrada e a turbulência. Compreender o seu desempenho em diferentes condições climáticas é crucial para estabelecer a sua adequação e fiabilidade. Vários critérios importantes motivam a decisão de combinar as abordagens MFO, BWO e LSTM para a previsão da velocidade do vento em turbinas eólicas avançadas INVELOX, incluindo a melhoria do desempenho da otimização, a complexidade da previsão da velocidade do vento, a menor dependência de modelos físicos e a capacidade de generalização.

1.7 ORGANIZAÇÃO DA TESE

O primeiro capítulo aborda os antecedentes da energia eólica, a dinâmica de fluidos computacional, a impressão 3D e as estratégias de aprendizagem profunda para prever a velocidade do vento e a estimativa da potência. O enunciado do problema, os objectivos, a importância, o âmbito e a motivação da tese são depois brevemente discutidos.

O segundo capítulo analisa a investigação anterior sobre várias metodologias para melhorar a velocidade do vento e a produção de energia eólica e estratégias de aprendizagem automática para prever a velocidade do vento e estimar a energia eólica. Além disso, descreve a lacuna na literatura do artigo referenciado.

No terceiro capítulo, são apresentados em pormenor os materiais e as metodologias adoptados nesta investigação. Para além disso, é também discutida a informação teórica envolvida na investigação.

O quarto capítulo apresenta o processo de conceção I^2NS^2F utilizado nesta investigação. Além disso, são descritos os pormenores de fabrico da conceção escolhida.

O quinto capítulo investiga quatro projectos de turbinas eólicas e os seus estudos de simulação também apresentam experiências em túnel de vento de protótipos em miniatura impressos em 3D para validação. Além disso, são apresentadas a previsão da velocidade do vento, o cálculo da potência eólica para a conceção I^2NS^2F proposta e a avaliação do desempenho para validar a exatidão e os níveis de erro do modelo DL proposto.

O sexto capítulo resume a conclusão da tese e estabelece as bases para futuras investigações. Finalmente, o relatório de tese termina com uma lista de referências.

1.8 RESUMO

Este capítulo inclui uma visão geral e antecedentes sobre energia eólica, aprendizagem profunda, dinâmica de fluidos computacional e impressão 3D. Esta secção descreve o enunciado do problema específico da investigação. Este capítulo articula os objectivos da investigação. Explora também a importância da conceção da turbina eólica I^2NS^2F, bem como o modelo DL indicado. Define o âmbito da investigação e a motivação que a inspirou. No final do capítulo, é esboçado um esboço da tese.

CAPÍTULO 2

PESQUISA BIBLIOGRÁFICA

2.1 INTRODUÇÃO

Este capítulo resume a investigação anterior sobre várias metodologias e direcções emergentes para melhorar a velocidade do vento e a produção de energia eólica, bem como estratégias de aprendizagem automática para prever a velocidade do vento e estimar a potência eólica. Além disso, descreve a lacuna na literatura do artigo citado.

2. PESQUISA BIBLIOGRÁFICA SOBRE TURBINAS EÓLICAS

Os recursos energéticos renováveis têm tido um impacto significativo na resolução dos desafios energéticos mundiais. A energia eólica é o segundo maior recurso energético desenvolvido desde há muito tempo (Peter & George 2019). Ao contrário dos recursos não renováveis, a fonte de energia renovável da energia eólica tem proporcionado um crescimento sustentável para a nação devido aos seus benefícios como fonte limpa, verde e inesgotável. O desempenho de uma turbina eólica baseia-se na velocidade do vento. Isto significa que a melhoria da velocidade do vento pode aumentar drasticamente a capacidade de geração eólica (Johari *et al.* 2018).

No mecanismo de fluxo baseado em difusor flangeado, o coeficiente de potência foi alcançado através da estabilização da altura do flange do difusor e do ângulo de abertura em diferentes condições (Mansour & Meskinkhoda 2014). O projeto da DAWT foi investigado por Kannan *et al.* (2013) para aumentar a velocidade do vento e a potência de saída, e ele examinou a

cobertura de entrada. A flange de saída permite a direção do fluxo de vento aerodinâmico. Difusor (ângulo de abertura do difusor de 16°) com divisor central
(0,5 m de comprimento e 16° de ângulo de abertura do difusor). Proporciona um aumento máximo da velocidade do vento de cerca de 61,25%.

Além disso, o fluxo de vento contrário pode ser reduzido de forma notável no difusor com uma extremidade flangeada. As condutas do difusor têm uma área de secção transversal aumentada ao longo da direção do fluxo de vento, recolhendo o vento, acelerando-o e criando uma diferença de pressão entre a entrada e a saída da cobertura. Pode ser gerada mais energia quando há mais fluxo de ar com alta velocidade devido à aerodinâmica do difusor. O concentrador eólico é um dispositivo estacionário sem partes móveis que pode captar e acelerar o vento sem ser afetado pela direção do vento. As turbinas do concentrador eólico são colocadas no interior da garganta do venturi, perto do solo, facilitando a manutenção (Chipo & Makaka 2016).

A INVELOX é uma turbina eólica composta por um coletor eólico, um concentrador e um difusor. O difusor tem três zonas: convergente, de risco e divergente. Uma turbina eólica é instalada na zona da garganta de risco e destina-se a aumentar a velocidade do vento, gerando eletricidade (Allaei & Andreopoulos 2014). O rotor secundário equivalente utiliza menos potência potencial do que o rotor primário quando duas turbinas são instaladas na secção de risco. Como resultado, a INVELOX tem um maior potencial de geração de energia quando utiliza turbinas de múltiplos estágios (Solanki *et al.* 2017). Na região da garganta do venturi, onde a velocidade do vento é de 11,9m/s, a turbina eólica INVELOX apresenta melhor desempenho, produzindo de 6 a 8 vezes mais energia. Tendo em conta esta justificação, a INVELOX produz mais energia do que as turbinas eólicas convencionais (Patel 2018).

Além disso, é montado um rotor duplo na turbina. A saída de uma turbina de rotor duplo tem maior velocidade, que é duas vezes maior que a velocidade de entrada (Peter Jenkins *et al.* 2017). A lâmina do rotor duplo tem um rotor principal de tamanho superior e um rotor secundário de tamanho inferior (0,30% do rotor principal), aumentando o caudal de ar para o rotor maior, o que resulta numa maior produção. Os parâmetros vitais do projeto, como a direção de rotação, a relação da velocidade de rotação e o espaçamento axial entre os rotores e a relação do raio, foram investigados para melhorar a eficiência da turbina eólica. Além disso, a turbina eólica de rotor duplo gera 4,55% mais energia do que a turbina eólica de rotor único (Rosenberg *et al.* 2014).

O desempenho aerodinâmico do INVELOX foi caracterizado computacionalmente por parâmetros geométricos, como o diâmetro do empreendimento, a altura do funil e a área de entrada. A estrutura do INVELOX pode não ser estável depois de o desempenho aerodinâmico da velocidade do vento atingir um máximo (Anbarsooz *et al.* 2017). A fim de melhorar a estabilidade estrutural, foi concebido o ACRIS. A eficiência do fluxo de vento da INVELOX pode ser aumentada, ao mesmo tempo que a quantidade de vento que pode sair do sistema é limitada devido a este design de telhado aerodinamicamente regulado (Golozar *et al.* 2021). Um funil com um rebordo redondo e uma tampa superior é colocado na tremonha de entrada para reduzir a turbulência e o vento de desvio. As experiências produziram uma velocidade de 10,87 m/s, enquanto a simulação CFD produziu uma velocidade de 17,12 m/s. A variação entre a velocidade do vento teórica e experimental é de 30% a 39%, principalmente devido à fabricação do sistema. No entanto, as tendências entre o empreendimento e os dados experimentais são muito consistentes (Akour & Bataineh 2019).

O projeto e a configuração experimental de um sistema de captação de energia eólica baseado num funil (FBWEHS) são realizados num túnel de vento subsónico e num ensaio de fumo a velocidades de vento que variam entre 0,5 m/s e 7,89 m/s na entrada do funil. O modelo de construção sólida foi reduzido numa proporção de 1:4 no arranjo experimental. A velocidade na secção da turbina é aumentada de 0,9 m/s para 20,7 m/s (intervalo do rácio de velocidade = 1,80 a 2,62). Ao remover o controlo da guinada , o FBWEHS produzirá mais energia do que os sistemas de energia eólica existentes a velocidades de vento de entrada e áreas equivalentes varridas (Nallapaneni *et al.*2015).

As propriedades aerodinâmicas do sistema INVELOX com o novo design recomendado foram investigadas por simulação numérica. O novo design posiciona agora o tubo venturi verticalmente por baixo do funil. Todas as direcções da energia do vento podem ser captadas por este design. O rácio de velocidade média melhorou quando o para-brisas foi instalado em quase 42%, mais do que o sistema de tubo de venturi horizontal INVELOX de base. A conceção modificada pode continuar a funcionar independentemente da direção do vento e proporcionar um rácio de alta velocidade em qualquer ambiente de vento (Ding & Guo 2020).

Depois de examinar a literatura significativa sobre turbinas eólicas do tipo difusor, INVELOX, divisor de extremidades e divergente convergente, existe uma procura de turbinas eólicas inovadoras do tipo integrado que sejam mais eficientes e estáveis na produção de mais energia eólica a baixas velocidades do vento do que as suas congéneres. A Tabela 2.1 mostra a força motriz por trás do sistema avançado de turbinas eólicas INVELOX.

Tabela 2.1 Motivação para o sistema avançado de turbinas eólicas INVELOX

S.N.	Detalhes do artigo	Detalhes do projeto	Detalhes significativos
1	INVELOX: Descrição de um novo conceito de energia eólica e avaliação do seu desempenho (Allaei & Andreopoulos 2014).	Desenho INVELOX	Turbina eólica com bocal-difusor que recolhe o vento em omnidireccionalidade para aumentar a potência eólica através da aceleração do rotor da turbina. Esta conceção é designada por INVELOX (velocidade aumentada em omnidirecional).
2	Modificação do projeto e análise da secção de risco do sistema INVELOX para maximizar a potência utilizando várias turbinas eólicas (Solanki *et al.* 2017).	Sistema INVELOX com turbina eólica múltipla	Ao utilizar turbinas de múltiplos estágios, a INVELOX tem um potencial mais significativo para a produção de energia do que uma turbina de estágio único.
3	Um novo telhado aerodinâmico controlável para melhorar o desempenho do sistema de distribuição de vento INVELOX (Golozar *et al.* 2021).	Sistema INVELOX com ACRIS	O ACRIS foi concebido para melhorar a estabilidade estrutural e pode aumentar a eficiência do fluxo de vento para o INVELOX através de um esquema de telhado aerodinâmico controlado. Esta conceção estrutural é ideal para aumentar a eficiência do sistema, limitando simultaneamente a

			quantidade de vento que escapa do sistema.
4	Simulação numérica do fluxo através do sistema de turbinas eólicas INVELOX (Patel 2018).	Turbina eólica INVELOX	A garganta de risco da INVELOX produz 6-8 vezes mais energia do que as turbinas eólicas convencionais. Assim, a INVELOX supera as outras turbinas eólicas tradicionais em termos de produção de eletricidade.

Quadro 2.1 (continuação)

S. Nã o.	Detalhes do artigo	Detalhes do projeto	Detalhes significativos
5	Projeto e simulação da velocidade do escoamento de uma turbina eólica com difusor aumentado utilizando CFD (Kannan *et al.* 2013).	Turbina eólica com difusor	O conceito DAWT aumenta a velocidade do vento e examina a cobertura de entrada e a flange de saída que agiliza a direção do fluxo de vento. O design do difusor (ângulo de abertura do difusor de 16°) com um divisor central (comprimento de 0,5 m e ângulo de abertura do divisor de 16°) proporciona um aumento máximo da velocidade do vento de cerca de 61,25%. Além disso, o fluxo de vento de retorno pode ser reduzido de forma notável no difusor com a extremidade flangeada.
6	Uma nova turbina de rotor duplo para aumentar a captação de energia eólica (Rosenberg *et al.*2014)	Turbina de rotor duplo	A pá de rotor duplo tem um rotor principal aumentado e um rotor secundário reduzido (0,30% do rotor principal), aumentando a taxa de fluxo de ar para o rotor maior, o que resulta numa maior produção. Além disso, a turbina eólica de rotor duplo gera mais 4,55% de potência do que a turbina eólica de rotor simples. O conceito de difusor não foi considerado.

7	Turbinas eólicas de concentrador aumentado: Uma revisão (Chipo & Makaka 2016).	Turbinas eólicas com concentrador es	As condutas do difusor têm uma área de secção transversal aumentada ao longo da direção do fluxo de vento, recolhendo o vento, acelerando-o e criando uma diferença de pressão entre a entrada e a saída da cobertura. É possível gerar mais potência quando há mais fluxo de ar com alta velocidade devido à aerodinâmica do difusor.

Quadro 2.1 (continuação)

S. Nã o.	Detalhes do artigo	Detalhes do projeto	Detalhes significativos
8	Estudo numérico sobre a eficiência energética e as caraterísticas de fluxo de um novo tipo de dispositivo de recolha de energia eólica (Ding & Guo 2020).	Modelo melhorado do para-brisas INVELOX	Foi sugerida uma conceção de passagem direta com um para-brisas para melhorar o desempenho aerodinâmico do INVELOX. Utilizando CFD, o campo de fluxo do design modificado foi examinado e contrastado com o da configuração inicial. Como resultado, o rácio de velocidade aumentou em cerca de 42% em média.
9	Projeto e ensaio em túnel de vento de um sistema de captação de energia eólica baseado num funil (Nallapaneni *et al.* 2015).	Ensaio em túnel de vento de um sistema de recolha de energia eólica baseado num funil	Numa configuração de ensaio em túnel de vento subsónico e num ensaio de fumos, são realizados o projeto e a configuração experimental de um sistema de captação de energia eólica baseado em funil (FBWEHS) a velocidades de vento que variam entre 0,5 m/s e 7,89 m/s na entrada do funil. O modelo SolidWorks foi reduzido na configuração experimental numa proporção de 1:4. Como resultado, a velocidade da secção da turbina é alcançada entre 0,9 m/s e 20,7 m/s (intervalo do rácio de velocidade: 1,8 a 2,62).

10	Considerações sobre o projeto do concentrador de funil de vento para regiões de baixa velocidade do vento (Akour & Bataineh 2019).	Sistema concentrador de funil de vento	O concentrador eólico é um dispositivo estacionário sem partes móveis que pode captar e acelerar o vento sem ser afetado pela direção do vento. As turbinas do concentrador eólico são colocadas no interior da garganta do venturi, perto do solo, o que permite uma menor manutenção. Um funil com um rebordo redondo e uma tampa superior é colocado na tremonha de entrada para reduzir a turbulência e o desvio do vento.

]

Quadro 2.1 (continuação)

S. Não.	Detalhes do artigo	Detalhes do projeto	Detalhes significativos
11	Um novo conceito para um sistema de turbina eólica com mini condutas (Nardecchia *et al.* 2021).	Turbina eólica com condutas	Através da análise e da simulação numérica dos principais elementos geométricos do sistema, foram estabelecidas numerosas configurações de turbinas eólicas com mini-condutas com os melhores desempenhos. Para testar a omnidireccionalidade do sistema, os efeitos destes ajustes são examinados com diferentes velocidades e direcções do vento. Este sistema de turbinas eólicas com condutas tem potencial para gerar mais de 432% mais eletricidade do que uma turbina eólica típica.
12	Um novo projeto de bocal-difusor para melhorar o desempenho da	Parte do bocal-difusor da turbina	O desempenho da turbina eólica INVELOX foi examinado utilizando o FVM (CFD) para aumentar a velocidade do

	turbina eólica INVELOX (Hosseini & Ganji 2020).	eólica INVELOX	escoamento sob a influência de alterações geométricas na secção do bocal-difusor, incluindo a relação entre o comprimento e a área da secção transversal do bocal, o comprimento do difusor, o ângulo do difusor, bem como o ângulo e a altura da flange final.

Quadro 2.1 (continuação)

S. Nã o.	Detalhes do artigo	Detalhes do projeto	Detalhes significativos
13	Aumento da produção de energia de um sistema de turbinas eólicas com condutas (Nardecchia *et al.* 2019).	DAWT	Surgiram numerosas concepções de concentradores eólicos, mas a variação mais comum e intensamente investigada é a DAWT, muitas vezes conhecida como turbina eólica com condutas ou com cobertura. Nesta configuração, a turbina está localizada dentro de uma estrutura em forma de anel que, devido à sua circulação seccional, provoca um aumento do fluxo de massa direcionado para o rotor. Como resultado, a potência de saída da turbina é aumentada.
14	Efeito da folga da ponta do rotor no desempenho aerodinâmico de uma turbina eólica	DAWT - Redução da velocidade, perda de ponta	A influência da folga da ponta da pá no desempenho da turbina foi investigada utilizando coeficientes aerodinâmicos, taxas de fluxo de massa e produção de esteira. A

	com condutas baseada em aerofólio (Saleem & Kim 2019).		turbina eólica aumentada por difusor tem vantagens como velocidades de corte mais lentas e perdas de ponta reduzidas.
15	Sobre o efeito do rácio de distância das pontas na aeroacústica de uma turbina eólica com difusor (Avallone *et al.* 2020).	DAWT - ruído	Este estudo investiga se o rácio de distância entre pontas (TC) influencia o campo de fluxo e o ruído de campo distante. Os resultados indicam que a DAWT reduz substancialmente os níveis de ruído.

Quadro 2.1 (continuação)

S. Não.	Detalhes do artigo	Detalhes do projeto	Detalhes significativos
16	Um modelo analítico melhorado para turbinas eólicas com cobertura baseada em aerofólio (Werle 2020).	Modelo melhorado do para-brisas INVELOX	O artigo investigou exaustivamente o efeito de curvatura da conduta utilizando um modelo de vórtice em anel, representando a esteira como um vórtice circular semi-infinito. Além disso, forneceu um modelo de limite de desempenho de potência semelhante ao de Betz, concebido exclusivamente para turbinas com aletas.
17	An Investigation on Diffuser Augmented Wind Turbine Design (Phillips 2003).	Protótipo DAWT	A eficiência energética do protótipo de DAWT em grande escala foi investigada. Apesar de os cálculos preverem uma boa produção de energia, os ensaios de campo não cumpriram essas previsões.

18	Investigação experimental da influência do difusor flangeado na dinâmica comportamento da pá de CFRP de uma turbina eólica com cobertura (Wang *et al.* 2015).	DAWT com flange	Esta investigação analisa uma DAWT com um flange, que se destina a obter uma pressão negativa considerável à saída, provocando uma separação significativa do fluxo na saída do difusor. Além disso, os flanges aumentam substancialmente a velocidade de rotação da pá e a tensão dinâmica.

Quadro 2.1 (continuação)

S. Não.	Detalhes do artigo	Detalhes do projeto	Detalhes significativos
19	Análise do escoamento de uma pequena turbina eólica com um difusor frustum simples através de simulações de dinâmica de fluidos computacional (Jafari & Kosasih 2014).	Desenho do difusor	Foram modeladas várias formas de difusor para estudar o efeito do comprimento e da razão de área no aumento da potência. O aspeto mais importante no aumento da potência é a contrapressão subatmosférica, que é influenciada pelo rácio da área.
20	Uma investigação dos campos de escoamento em torno de difusores flangeados utilizando CFD	Difusor com flange	Os investigadores realizaram uma pesquisa sobre os campos de fluxo em torno de difusores flangeados para desenvolver o projeto de pequenas turbinas eólicas utilizando CFD. Os resultados

	(Abe & Ohya 2014).		demonstraram que a eficiência de um difusor com flange depende em grande medida do coeficiente de carga e do ângulo de abertura.
21	Desenvolvimento de pequenas turbinas eólicas para veículos em movimento: Efeitos dos difusores flangeados no desempenho do rotor (Chen *et al.* 2012).	Turbina eólica com difusor flangeado	Foram efectuados estudos experimentais e numéricos sobre os campos de escoamento atrás de uma pequena turbina eólica com um difusor flangeado. De acordo com as informações obtidas, o coeficiente de potência da turbina eólica excedeu quatro vezes o de uma turbina eólica nua.

Quadro 2.1 (continuação)

S. Não.	Detalhes do artigo	Detalhes do projeto	Detalhes significativos
22	Estudo numérico sobre a eficiência energética e as caraterísticas de fluxo de um novo tipo de dispositivo de recolha de energia eólica (Ohya *et al.* 2008).	Difusor flangeado	O estudo revelou a configuração óptima do difusor flangeado e demonstrou a sua capacidade para aumentar a potência de uma turbina eólica num rácio de quatro a cinco, quando comparada com uma turbina eólica simples.
23	A metodologia para o estudo aerodinâmico de uma pequena turbina eólica	Convergente-Divergente Scoop	O artigo examinou o efeito de uma concha convergente-divergente na produção de energia de uma pequena turbina eólica. Os resultados revelaram que a concha

	doméstica com uma pá (Wang *et al.* 2008).		aumentou a velocidade do fluxo de ar, resultando num aumento de 2,2 vezes na produção de energia com a mesma área varrida. Além disso, são propostos vários conceitos neste artigo.
24	Uma investigação numérica do efeito dos difusores no desempenho das turbinas hidrocinéticas utilizando um validado turbina com fonte de momento (Gardan & Bibeah 2010).	Difusor	Utilizando um modelo validado de turbina com fonte de momento, o estudo investiga a forma como um difusor influencia o desempenho de uma turbina hidrocinética, revelando que a configuração com difusor gera 3,1 vezes mais potência do que a turbina sem difusor.

Quadro 2.1 (continuação)

S. Nã o.	Detalhes do artigo	Detalhes do projeto	Detalhes significativos
25	INVELOX: um novo conceito de recolha de energia eólica (Allaei & Andreopoulos 2013).	Turbina eólica com condutas INVELOX	A turbina eólica com condutas INVELOX utiliza um coletor de fluxo e uma secção transversal em forma de venturi para converter a energia eólica em eletricidade, superando as turbinas típicas de tamanho comparável.
26	Projeto e ensaio em túnel de vento de um sistema de captação de energia	INVELOX	O artigo descreve uma técnica INVELOX para a produção de energia eólica. Estes dispositivos aumentam significativamente a produção de energia, produzindo 5

	eólica baseado num funil (Gavade *et al.* 2018).		a 6 vezes mais do que os moinhos de vento tradicionais do mesmo tamanho. O aumento da produção de energia é obtido através do aumento do caudal mássico na turbina.
27	Um teste experimental de Concentradores de turbinas eólicas de baixa velocidade (Orosa *et al.* 2012).	Concentrador de vento	O concentrador de vento não rotativo proposto concentra e acelera a velocidade do vento para melhorar o desempenho das turbinas eólicas de eixo vertical (VAWT). Nesta investigação, utilizou-se um concentrador de vento em vez de um difusor flangeado para acelerar a velocidade do vento.

Quadro 2.1 (continuação)

S. Nã o.	Detalhes do artigo	Detalhes do projeto	Detalhes significativos
28	Caraterísticas de uma pequena turbina eólica do tipo hélice altamente eficiente com um difusor (Toshio *et al.* 2006).	Difusores com flange	O artigo descreve a utilização de difusores flangeados para aumentar a velocidade do vento em cenários de fluxo aberto. Um difusor flangeado gera uma zona de baixa pressão no seu interior, provocando a separação do fluxo nas suas áreas interna e externa, acelerando o fluxo através da entrada.
29	Efeito da eficiência do difusor no	DAWT	Este estudo examina a DAWT enquanto optimiza a eficiência do difusor e o impulso. O principal

	desempenho da turbina eólica (Vaz & Wood 2018).		objetivo destas investigações é aumentar a velocidade natural do vento antes de este atingir as pás da turbina, intervindo no fluxo de ar que entra.
30	Análise paramétrica da conceção de um perfil de cobertura elíptico (Salih & Mahmoud 2021).	Cobertura de elipsoide excêntrico rodado (ERE)	O artigo efectua uma análise paramétrica da conceção do perfil da cobertura da ERE. O estudo estabelece relações entre o diâmetro de entrada, o comprimento e o diâmetro de saída da cobertura, apresentando rácios distintos relacionados com o diâmetro da turbina eólica. Os resultados das simulações mostram um aumento significativo de 1,63 vezes na velocidade média do vento em relação à velocidade de entrada, o que é consistente com os resultados experimentais.

2.3 ESTUDO DA LITERATURA SOBRE APRENDIZAGEM PROFUNDA

A energia eólica é uma fonte de energia renovável que está a tornar-se cada vez mais crucial para a expansão do fornecimento global de energia, uma vez que é ecológica e económica. Os métodos de previsão da velocidade e da potência do vento são muito procurados devido à maximização dos lucros, à transmissão económica e a outros factores.
As técnicas de IA chamaram recentemente a atenção à escala global pela sua capacidade de enfrentar desafios no mundo real. Um algoritmo de IA pode extrair padrões e identificar tendências a partir de dados não lineares (Yan *et al.* 2018).

Abordagens de IA utilizadas para aplicações de previsão de séries temporais de velocidade do vento. A RNA, o método da lógica difusa, a computação evolutiva e as abordagens de aprendizagem automática são maioritariamente utilizadas na IA. Devido ao seu tratamento não linear, as RNA estão entre todas as técnicas de IA normalmente utilizadas para aplicações de previsão de séries temporais de velocidade do vento (Shi *et al.* 2018).

As redes neurais de retropropagação (BPNN), as redes neurais recorrentes (RNN), as redes neurais de função de base radial (RBFNN), as redes neurais de Elman (ENN) e as redes neurais difusas (FNN) são as mais utilizadas. Para melhorar a precisão da previsão da velocidade do vento, é proposto um novo modelo híbrido de previsão da velocidade do vento com decomposição rápida do modo empírico do conjunto, entropia da amostra, reconstrução do espaço de fase e uma rede neural de retropropagação com duas camadas ocultas (Sun & Wang 2018).

O desempenho de uma turbina eólica com condutas foi simulado utilizando uma RNA em várias condições de funcionamento das condutas. Uma RNA de Levenberg-Marquardt utilizando uma técnica de treino de retropropagação de três camadas da abordagem do algoritmo Multilayer Perceptron foi considerada a melhor RNA. Foi testada em comparação com uma abordagem de funções de base radial de uma única camada oculta (Taghinezhad & Sheidaei 2020).

As RNAs necessitam de muitos neurónios para lidar com uma série de cenários. À medida que o número de neurónios aumenta, a precisão da previsão diminui. Para uma operação sustentável do sistema elétrico e uma previsão precisa, as abordagens de lógica difusa e as RNA são combinadas para gerar técnicas híbridas de computação suave, como a FNN e o Sistema de Inferência Neuro-Fuzzy Adaptativo (ANFIS) (Catalao *et al.* 2011). A maior parte das RNA tem uma camada oculta na sua arquitetura de rede. A maioria das técnicas de extração de parâmetros de incerteza do vento é indireta. As limitações supramencionadas dos modelos de IA são resolvidas por modelos de aprendizagem profunda e de aprendizagem automática (Ssekulima *et al.* 2016).

Recentemente, os modelos híbridos têm atraído o interesse de todo o mundo, representando cerca de 90% das técnicas utilizadas para prever a velocidade e a potência do vento. Os modelos híbridos podem ser criados através da combinação dos atributos essenciais dos modelos individuais. Este artigo sugere uma arquitetura de Redes Neuronais Profundas (DNN) com Auto-Encoder Empilhado (SAE) e Auto-Encoder de Denoising Empilhado (SDAE) para a previsão da velocidade do vento a curto prazo. Os modelos DNN propostos têm um desempenho superior em termos de métricas RMSE e MAE mais baixas (Khodayar *et al.* 2017).

A energia eólica pode ser prevista através de uma base de dados SCADA (Supervisory Control and Data Acquisition) de alta frequência com uma taxa de amostragem de 1 s, desenvolvida por uma rede neural de aprendizagem profunda. As caraterísticas de entrada foram construídas com base no processo físico das turbinas eólicas offshore, e a sua relação linear foi explorada utilizando coeficientes de correlação de Pearson produto-momento. As correlações não lineares foram examinadas utilizando abordagens DL (Lin & Liu 2020). Utilizando séries temporais de dados de rigidez, o método O método baseado em treino foi desenvolvido para a previsão da rigidez das pás de turbinas eólicas em ensaios de fadiga. A rigidez residual da vida útil da pá relacionada com o ensaio de fadiga é encontrada através da combinação dos dados de fadiga antigos com um algoritmo de aprendizagem profunda que incorpora uma rede LSTM, uma rede híbrida e uma rede neural convolucional (CNN) (Liu Hong wei *et al.* 2020). A análise híbrida de componentes principais (PCA) e a aprendizagem profunda expõem padrões ocultos nos dados eólicos e estimam a potência eólica.

Além disso, um procedimento de Tensor Flow emprega um algoritmo de aprendizagem profunda optimizado para prever com precisão a energia eólica a partir de caraterísticas importantes (Khan *et al.* 2019). O novo modelo de previsão da velocidade do vento a curto prazo investigado baseia-se numa estratégia de correção de erros, num algoritmo de aprendizagem profunda e num conjunto duplo. Para decair a série exacta da velocidade do vento, é adequada a decomposição de todo o conjunto do modo empírico com decomposição variacional e adaptativa do ruído. As caraterísticas da memória de longo e curto prazo foram encontradas e o modelo de previsão adequado para cada sub-série foi criado utilizando uma rede neural LSTM (Ma *et al.* 2020). Um EEL (ELM, ENN, LSTM) - é um método de combinação não linear de duas camadas estabelecido para questões de previsão da velocidade do vento a curto prazo. A camada inicial centra-se na rede neural de Elman (ENN), na rede LSTM e na máquina de aprendizagem extrema (ELM) para prever individualmente a velocidade do vento, criando os seus méritos de velocidade de estimativa (Chen *et al.* 2019).

Uma nova estratégia híbrida para a previsão da velocidade do vento em várias etapas é observada com base numa Máquina de Aprendizagem Extrema Regularizada e Ponderada (WRELM), na Decomposição de Sinais Trifásicos (TPSD) e na Extração de Caraterísticas (FE). O TPSD é sugerido pela primeira vez para regular as naturezas complexas e irregulares da velocidade do vento, e inclui a Decomposição de Modo Empírico de Conjunto Rápido (FEEMD), a Decomposição de Modo Variacional (VMD) e o Algoritmo de Separação Sazonal (SSA) (Wang *et al.* 2018). A aprendizagem inteligente híbrida é estudada com base num sistema de inferência neuro-fuzzy adaptativo (ANFIS) para estimar online a velocidade efetiva do vento a partir de valores instantâneos da relação de velocidade da ponta (TSR), velocidade do rotor e potência mecânica (Asghar & Liu 2018). Várias combinações de Filtro de Kalman Recorrente (RKF), Rede Neural Wavelet (WNN), Rede Neural Artificial (ANN) e Série de Fourier (FS) são utilizadas para a previsão da potência eólica e da velocidade do vento (Aly 2020). Para aumentar a precisão da previsão da velocidade do vento a curto prazo, é elucidado um modelo híbrido de previsão da velocidade do vento com base na Transformada Wavelet (WT), no Algoritmo de Pesquisa de Corvos (CSA), na Seleção de Caraterísticas (FS), dependendo da entropia e da Informação Mútua (MI), e na previsão de séries temporais de aprendizagem profunda, dependendo das redes neurais LSTM. Embora a RNN seja uma metodologia de aprendizagem profunda versátil e eficaz para lidar com dados de dependência de sequências de séries temporais, tem um problema de memória de curto prazo. A memória substitui cada neurónio na unidade oculta por três portas em RNNs avançadas, como a LSTM. Consequentemente, não pode armazenar a informação do estado oculto durante um período prolongado. Estas questões são abordadas no LSTM através da utilização de células e portas de memória ligadas de forma recorrente (Memarzadeh & Keynia 2020).

A energia eólica é prevista utilizando Bi LSTM-CNN, e os resultados são comparados com abordagens de aprendizagem profunda como Bi-LSTM, CNN e LSTM-CNN (Hao *et al.* 2020). Um método de otimização meta-heurístico baseado no comportamento de acasalamento das aranhas viúvas negras tem sido utilizado para resolver problemas de investigação devido à sua simplicidade, convergência precoce e localização precisa de verdadeiros óptimos globais. O canibalismo é uma fase distinta deste algoritmo. Esta fase é causada pela exclusão de espécies com baixa aptidão do circuito, o que leva a uma rápida convergência da solução (Vahideh & Ali Asghar 2020).

O algoritmo Mayfly Optimization (MFO) é o resultado da hibridação do Algoritmo Genético (GA), da Otimização por Enxame de Partículas (PSO) e do Algoritmo Firefly . Baseia-se no comportamento das moscas adultas. Sete algoritmos de otimização meta-heurística de alta qualidade com 25 funções de teste, otimização multi-objetivo e um problema clássico discreto de programação de lojas de fluxo são comparados para validar este algoritmo. O comportamento de convergência do método MFO proposto consiste em encontrar a melhor solução global durante a sua iteração inicial (Zervoudakis & Tsafarakis 2020). Em comparação com SVM, LSTM, CNN e ANN, o modelo híbrido CNN-LSTM melhorou a precisão da previsão da velocidade do vento com menor complexidade e computação. O modelo supera os outros modelos em termos de precisão (Ibrahim *et al.*2020).

A avaliação do erro dos modelos de previsão é crucial porque todas as previsões têm erros intrínsecos. Tanto o modelo como o período de tempo da previsão afectam a sua eficácia. O erro percentual absoluto médio (MAPE) e a raiz do erro quadrático médio (RMSE) são as principais medidas de erro estatístico utilizadas para avaliar o desempenho do modelo de previsão (Shaker *et al.* 2013). A principal vantagem do RMSE é que os desvios significativos entre os resultados previstos e os resultados medidos têm mais peso do que as variações menores. Esta é a aplicação mais adequada para a energia eólica. O MAPE e o MAE são métricas de avaliação do desempenho notáveis para a exatidão da previsão (Staid *et al.* 2018).

De acordo com as revisões da literatura, são evidentes os requisitos essenciais da previsão da velocidade do vento e a importância de hibridar vários modelos de previsão para obter um modelo de previsão eficaz. Além disso, nas últimas décadas, foram realizados numerosos estudos para efetuar uma avaliação precisa da energia eólica. No entanto, este requisito ainda não foi totalmente satisfeito. Consequentemente, a investigação proposta tem por objetivo desenvolver um modelo híbrido avançado para melhorar a previsão da velocidade do vento para turbinas eólicas do tipo
O objetivo da investigação proposta é desenvolver um modelo híbrido avançado para melhorar a previsão da velocidade do vento para turbinas eólicas do tipo INVELOX, incorporando técnicas BWO e MFO em modelos LSTM, o que melhora os resultados da previsão em relação aos modelos tradicionais de previsão da velocidade do vento baseados em neurónios. Além disso, a exatidão, o MAE, o MAPE, o MSE e o RMSE foram utilizados para demonstrar a capacidade de previsão de todos os modelos de aprendizagem profunda desenvolvidos.

De acordo com a revisão da literatura, a incorporação das técnicas BWO e MFO nos modelos LSTM melhora os resultados das previsões em relação aos modelos tradicionais de previsão da velocidade do vento baseados em neurónios. Além disso, a estratégia de previsão baseada na aprendizagem profunda
Além disso, a estratégia de previsão baseada na aprendizagem profunda oferece melhores métricas de desempenho e é um quadro algorítmico altamente sofisticado com elevada precisão de previsão. O quadro 2.2 mostra a força

motriz subjacente à aprendizagem profunda para a previsão da velocidade do vento.

Tabela 2.2 Motivação para a aprendizagem profunda na previsão da velocidade do vento

S. Não.	Detalhes do artigo	Metodologia	Detalhes significativos
1	Previsão da elevada penetração de energia eólica em várias escalas utilizando o mapeamento multi-to-multi (Yan *et al.*2018).	Técnicas de Inteligência Artificial (IA)	As técnicas de IA chamaram recentemente a atenção à escala mundial pela sua capacidade de responder a uma série de desafios no mundo real. A capacidade dos algoritmos de IA para extrair padrões e identificar tendências a partir de dados não lineares.
2	Previsão determinística da energia eólica: Uma revisão de preditores inteligentes e métodos auxiliares (Hui Liu *et al.*2019).	Previsores de aprendizagem profunda	Este artigo analisa a literatura sobre aprendizagem profunda baseada em codificadores automáticos, máquinas de Boltzmann restritas (RBM), CNN e RNN. São discutidos os seus fundamentos teóricos, aplicações, vantagens e desvantagens.
3	Previsão da velocidade do vento a curto prazo com base na decomposição rápida do modo empírico do conjunto, reconstrução do	Modelo híbrido de previsão da velocidade do vento	Sugere-se um novo modelo híbrido de previsão da velocidade do vento com decomposição rápida do modo empírico do conjunto, entropia da amostra, reconstrução do espaço de fase e uma rede neural de retropropagação com duas camadas ocultas para melhorar a

	espaço de fase , entropia da amostra e rede neural de retropropagação melhorada (Sun & Wang 2018).		precisão da previsão da velocidade do vento.

Quadro 2.2 (continuação)

S. Nã o.	Detalhes do artigo	Metodologia	Detalhes significativos
4	Arquitetura neural profunda rugosa para a previsão da velocidade do vento a curto prazo (Khodayar *et al.*2017).	Arquitetura DNN com SAE e SDAE	Este artigo sugere uma arquitetura de rede neural profunda (DNN) com um auto-codificador empilhado (SAE) e um auto-codificador de denoising empilhado (SDAE) para a previsão da velocidade do vento a curto prazo. Os modelos DNN propostos têm um desempenho superior em termos de métricas RMSE e MAE mais baixas.
5	Aplicação de um modelo híbrido baseado na dupla decomposição, na correção de erros e na aprendizagem profunda na previsão da velocidade do vento a curto prazo (Ma *et al.*2020).	LSTM	O novo modelo de previsão da velocidade do vento a curto prazo investigado baseia-se numa estratégia de correção de erros, num algoritmo de aprendizagem profunda e num conjunto duplo. As caraterísticas da memória de longo e curto prazo foram encontradas, e o modelo de previsão apropriado para cada sub-série foi criado usando uma rede neural LSTM.

6	Um método de combinação não linear de duas camadas para a previsão da velocidade do vento a curto prazo com base em ELM, ENN e LSTM (Chen *et al.*2019).	ENN, ELM, LSTM	O ELM é um método de combinação não linear de duas camadas estabelecido para questões de previsão da velocidade do vento a curto prazo. A camada inicial centra-se na Elman Neural Network (ENN), LSTM e Extreme Learning Machine (ELM) para prever individualmente a velocidade do vento, criando os seus méritos de velocidade de estimativa.

Quadro 2.2 (continuação)

S. Não.	Detalhes do artigo	Metodologia	Detalhes significativos
7	Um novo método de previsão da velocidade do vento a curto prazo baseado numa rede neural LSTM ajustada e em conjuntos de entradas optimizados (Memarzadeh & Keynia 2020).	WT, CSA, FS dependendo da entropia e do MI, e previsão de séries temporais DL dependendo do LSTM.	Para a previsão da velocidade do vento a curto prazo, é proposto um modelo híbrido baseado no CSA (Crow search algorithm), WT (Wavelet transform), FS (Feature selection) com base na entropia e MI (Mutual information), e DL (Deep learning) com base na previsão de séries temporais LSTM. Além disso, três métricas de desempenho, MAPE, MAE e RMSE, são utilizadas nas experiências de previsão para determinar a fiabilidade do modelo híbrido.
8	Previsão da velocidade do vento a curto prazo	Modelo híbrido CNN-LSTM	Em comparação com SVM, LSTM, CNN e ANN, o modelo híbrido CNN-LSTM melhorou a

	utilizando algoritmos baseados na aprendizagem artificial (Ibrahim *et al.* 2020).		precisão da previsão da velocidade do vento com menor complexidade e computação. O modelo supera os outros modelos em termos de precisão.
9	Algoritmo de otimização da viúva negra: Uma nova abordagem meta-heurística para resolver de otimização em engenharia (Vahideh & Ali Asghar 2020).	BWO	Devido à simplicidade do BWO, à convergência rápida e à precisão na localização de óptimos globais verdadeiros, foi utilizado um método de otimização heurística meta- baseado no comportamento de acasalamento das aranhas viúvas negras para resolver problemas de investigação.

Quadro 2.2 (continuação)

S. Não.	Detalhes do artigo	Metodologia	Detalhes significativos
10	Redes neurais evolutivas de unidades de produto para a previsão a curto prazo da velocidade do vento em parques eólicos (Hervas *et al.* 2012).	Redes neuronais	As redes neuronais têm encontrado diversas aplicações em vários domínios, incluindo a previsão, o reconhecimento, o processamento de imagens, a classificação, a associação e o controlo. Os investigadores investigaram uma variedade de técnicas para melhorar a precisão das previsões da velocidade do vento, utilizando metodologias físicas e estatísticas. Além disso, este artigo investigou várias abordagens para melhorar a precisão das previsões da velocidade do vento.

11	Previsão da velocidade do vento e da potência a curto prazo utilizando um conjunto de redes neurais de densidade mista (Men *et al.* 2016).	ANN	Neste estudo, as RNA são utilizadas para prever padrões não lineares num quadro de previsão de vento. Inspiradas no cérebro humano, as redes neuronais simulam neurónios artificiais como seus componentes fundamentais.
12	Previsão em linha da temperatura e da tensão na turbina a vapor componentes utilizando redes neuronais (Dominiczak *et al.* 2016).	Redes neurais autoregressiva s não lineares	Este artigo investiga a utilização de redes neurais autoregressivas não lineares com entradas exógenas como modelo matemático de um rotor de turbina a vapor . Estas redes são utilizadas para tarefas de previsão em linha, nomeadamente a previsão da temperatura e da tensão da turbina.

Quadro 2.2 (continuação)

S. Não.	Detalhes do artigo	Metodologia	Detalhes significativos
13	Um novo sinal de ECG personalizado algoritmo de classificação utilizando a rede neural baseada em blocos e a otimização por enxame de partículas (Shadmand & Mashoufi 2016)	ANN e Otimização por Enxame de Partículas (PSO)	Neste estudo, a RNA é utilizada para classificar os batimentos cardíacos do ECG (eletrocardiograma) em cinco categorias, com base nas normas da AAMI (Association for the Advancement of Medical Instrumentation). O desenho da rede e os pesos são optimizados utilizando a técnica PSO. A avaliação do desempenho indica uma precisão de classificação notável.

14	Um sistema de apoio à decisão baseado em redes neuronais artificiais para operações de navios energeticamente eficientes (Besikci *et al.* 2016).	RNA e sistema de apoio à decisão (DSS)	O consumo de combustível dos navios foi previsto para uma vasta gama de cenários operacionais utilizando uma tecnologia imprecisa conhecida como RNA. Em seguida, foi desenvolvido um DSS, que incluía um modelo de previsão de combustível baseado em RNA e permitia operações de navios eficientes em termos energéticos em tempo real, tendo surgido como uma ferramenta potencial para os operadores de navios.
15	Avaliação da energia eólica tendo em conta a velocidade do vento correlação na Malásia (Goh *et al.* 2016).	Método de Mycielski e agrupamento K-means	Este artigo explorou a previsão da energia eólica aplicando o método Mycielski e o agrupamento K-means. Os resultados esperados mostram que o agrupamento K-means é mais exato do que o método Mycielski para a previsão.

Quadro 2.2 (continuação)

S. Não.	Detalhes do artigo	Metodologia	Detalhes significativos
16	Modelação das flutuações dos dados de velocidade do vento, considerando os seus efeitos de média e volatilidade (Masseran 2016).	Modelo de média móvel integrada auto-regressiva e modelo de heteroscedasticidade condicional auto-regressiva (ARIMA-ARCH)	O estudo utilizou um modelo híbrido, o modelo ARIMA-ARCH, para investigar a forma como a média e a volatilidade influenciam as realizações da velocidade do vento. De acordo com os resultados, o modelo ARIMA-ARCH supera um único modelo ARIMA na previsão de dados de velocidade do vento.

17	Previsão do rendimento em biocarvão a partir de pirólise de estrume de bovinos através de máquina de vectores de suporte de mínimos quadrados abordagem inteligente (Cao *et al.* 2016).	Rede Neuronal Artificial (RNA) e Máquina de Vetor de Suporte de Mínimos Quadrados (LS-SVM)	O presente estudo construiu um modelo ANN convencional e um modelo LS-SVM para estimar a produção de biocarvão a partir da pirólise de estrume de gado. A eficiência da técnica de modelação LS-SVM foi comprovada utilizando um conjunto de dados de 33 observações experimentais de um sistema de reação de leito fixo à escala laboratorial.
18	Previsão da velocidade do vento para parques eólicos: Um método baseado na regressão vetorial de apoio (Santamaría-Bonfil *et al.* 2016).	Regressão de vetor de suporte (SVR)	É apresentado um método híbrido para a previsão da velocidade do vento utilizando SVR. Este método produz previsões mais precisas do que o modelo de persistência e os modelos autoregressivos, que são optimizados utilizando o Critério de Informação de Akaike e o método dos Mínimos Quadrados Ordinários.

Quadro 2.2 (continuação)

S. Não.	Detalhes do artigo	Metodologia	Detalhes significativos
19	Aprendizagem por transferência para a previsão da velocidade do vento a curto prazo com	Redes Neuronais Profundas	É realizada uma experiência fascinante que envolve a transmissão de informações de quintas ricas em dados para uma quinta recém-construída. Este estudo utiliza redes neurais

	redes neuronais profundas (Hu *et al.* 2016).		profundas treinadas em dados de explorações ricas em dados para extrair padrões de velocidade do vento. Em seguida, o programa afina o mapeamento dos dados das explorações recém-construídas.
20	Abordagem neuro-fuzzy adaptativa para estimar a distribuição da velocidade do vento (Petkovic 2015).	Sistema de Inferência Neuro-Fuzzy Adaptativo (ANFIS)	É utilizado um ANFIS para prever a distribuição da densidade de probabilidade da velocidade do vento. Os resultados mostram que a técnica ANFIS melhora a precisão da previsão e as capacidades de generalização, prevendo com precisão a distribuição de probabilidade da velocidade do vento.
21	Um modelo híbrido não linear de previsão da velocidade do vento utilizando a rede LSTM, o ELM histerético e o algoritmo de evolução diferencial (Hu & Chen 2018).	Máquina de aprendizagem extrema histerética (HELM), algoritmo de evolução diferencial (DE) e LSTM	Num modelo híbrido de previsão da velocidade do vento, a introdução de histerese na função de ativação da rede melhora o desempenho do algoritmo HELM proposto. O método DE é utilizado para otimizar o LSTM, selecionando os parâmetros de rede adequados e identificando o número de camadas ocultas.

Quadro 2.2 (continuação)

S. Não.	Detalhes do artigo	Metodologia	Detalhes significativos
22	Previsões intervalares de um modelo híbrido inovador	Otimização de Pesquisa Cuco (CSO) e Rede Neural de	É desenvolvido um modelo híbrido de rede neural utilizando a BPNN baseada em CSO para criar previsões intervaladas (IF) para a velocidade do vento. Este

	para a velocidade do vento (Qin *et al.* 2015).	Propagação Anterior (BPNN)	modelo calcula os limites inferior e superior do intervalo de velocidade do vento.
23	Previsões da velocidade do vento a curto prazo com técnicas de aprendizagem automática (Ghorbani *et al.* 2015).	Redes Neuronais Artificiais (RNA) e Programação de Expressão Genética (PEG).	Neste trabalho, a previsão horária da velocidade do vento é comprovada através de modelação, com possíveis questões práticas como a agricultura de energia eólica e a segurança de aviões. Estas previsões a curto prazo baseiam-se em técnicas de aprendizagem automática, como a ANN e a GEP.
24	Modelo multi-objetivo de previsão da velocidade do vento por conjunto de dados com autoencodificador esparso empilhado e correção de erros baseada na decomposição adaptativa (Liu & Chen 2019).	Autocodificador esparso empilhado de camada dupla (SSAE), LSTM bidirecional, máquina de aprendizagem extrema robusta em relação a anomalias (ORELM) e transformada Wavelet empírica (EWT)	É desenvolvida uma técnica híbrida para a previsão da velocidade do vento, combinando uma SSAE de camada dupla e um modelo LSTM bidirecional. A abordagem SSAE é utilizada para extrair componentes de alta resolução, e o LSTM actua como preditor, que é melhorado utilizando um algoritmo de otimização multi-objetivo multi-universo. Além disso, o modelo ORELM e o EWT aproximam-se para reduzir os erros de previsão e melhorar a precisão.

Quadro 2.2 (continuação)

S. Não.	Detalhes do artigo	Metodologia	Detalhes significativos

25	Comparação de métodos de seleção de caraterísticas utilizando RNAs em métodos de velocidade do vento MCP - Um estudo de caso (Carta *et al.* 2016).	RNA e perceptron multicamadas (MLP)	Este estudo investigou os benefícios da utilização da seleção de caraterísticas em conjunto com abordagens de RNA, especialmente uma estrutura MLP. O foco principal foi a utilização de RNAs como técnicas de Medida-Correlação-Previsão (MCP) para prever a velocidade média horária do vento num local específico.
26	Previsão da velocidade do vento na região montanhosa da Índia utilizando um modelo de rede neural artificial (Ramasamy *et al.* 2015).	Rede Neuronal Artificial (RNA) e Erro Percentual Absoluto Médio (MAPE)	É desenvolvido um modelo ANN para estimar as velocidades do vento, com dados de vento recolhidos em Hamirpur que servem como conjuntos de dados de treino e de teste. A validade do modelo é demonstrada através da previsão das velocidades do vento em Gurgaon, onde estão disponíveis dados quantificáveis, resultando num excelente MAPE e coeficiente de correlação.
27	Um modelo multi-escala baseado na memória de longo prazo para a previsão horária da velocidade do vento com um dia de antecedência (Araya *et al.* 2019).	LSTM multiescala e redes neurais recorrentes (RNN)	Um modelo de previsão da velocidade do vento baseado em LSTM multiescala é concebido para ultrapassar as dependências de dados temporais a longo prazo inerentes à RNN. As simulações experimentais indicam que o modelo LSTM indicado supera o modelo LSTM convencional.

Quadro 2.2 (continuação)

S. Não.	Detalhes do artigo	Metodologia	Detalhes significativos
28	Um algoritmo de otimização para a mosca-da-farinha (Zervoudakis & Tsafarakis 2020).	MFO	O MFO combina as principais vantagens do PSO, GA e FA. Trata-se de uma poderosa estrutura algorítmica híbrida baseada em técnicas como o cruzamento de espécies, a mutação, a recolha de enxames, a dança nupcial e o passeio aleatório. Trata-se de um algoritmo de otimização meta-heurístico bem conhecido pelo seu melhor comportamento de convergência e pelas suas pesquisas locais e globais.
29	Um modelo híbrido de aprendizagem profunda e comparação para a previsão da energia eólica considerando a extração de caraterísticas temporais e espaciais (Hao Zhen *et al.* 2020).	RMSE, MSE e MAE	O modelo híbrido de aprendizagem profunda BiLSTM-CNN proposto é validado utilizando métricas de desempenho como o RMSE, o MSE e o MAE mais baixos.

30	Um novo modelo híbrido para a previsão da velocidade do vento que combina uma rede neural com memória de curto prazo, métodos de decomposição e um optimizador de lobo cinzento (Atlan *et al.* 2020).	LSTM e optimizador Grey Wolf (GWO)	É desenvolvido um modelo híbrido de previsão da velocidade do vento com base em métodos de decomposição que utilizam as redes GWO e LSTM. Os resultados experimentais demonstram que o modelo híbrido supera os métodos de previsão únicos do em termos de precisão e é capaz de prever séries temporais de velocidade do vento, capturando os seus aspectos não lineares.

2.4 RESUMO

O capítulo proposto apresenta uma revisão exaustiva da investigação existente sobre várias concepções de difusores e componentes de turbinas eólicas INVELOX para melhorar o vento a baixa velocidade e recolher mais energia. Além disso, este capítulo apresenta uma revisão exaustiva da literatura sobre o modelo híbrido de aprendizagem profunda para a previsão do vento, que combina modelos LSTM com várias técnicas de otimização para prever a velocidade do vento. Apresenta resultados significativos, metodologia, problemas e pistas de investigação futuras promissoras nesta área multidisciplinar. O próximo capítulo desta tese apresentará uma descrição pormenorizada dos materiais e metodologias deste trabalho de investigação.

CAPÍTULO 3

MATERIAIS E MÉTODOS

3.1 INTRODUÇÃO

Neste capítulo, são apresentados em pormenor os materiais e as metodologias adoptados nesta investigação. Para além disso, são também discutidas as informações teóricas envolvidas na investigação.

O fluxograma da Figura 3.1 explica o fluxo de trabalho e os métodos utilizados neste trabalho de investigação.

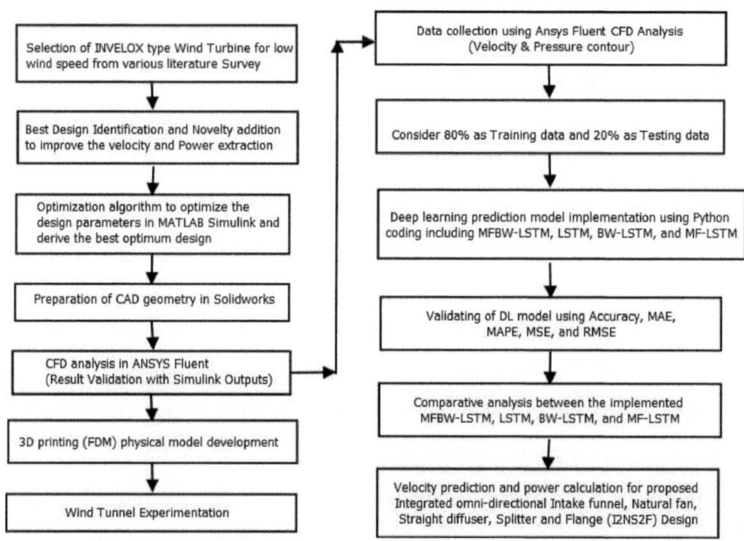

Figura 3.1 Fluxo de trabalho e métodos de investigação

3.2 CONCEPÇÃO ASSISTIDA POR COMPUTADOR (CAD)

Devido ao rápido avanço das tecnologias da informação, o desenvolvimento contínuo de novos produtos e a otimização dos produtos existentes podem ajudar as organizações a destacarem-se no mercado. Para tal, o melhoramento de produtos através de computador, muitas vezes conhecido como tecnologia CAD, é utilizado em várias indústrias, incluindo os sectores automóvel, da construção naval e aeroespacial, design industrial e arquitetónico, próteses e muitos outros. Essencialmente, a tecnologia CAD consiste na análise de problemas, em técnicas criativas de resolução de problemas, na transformação de problemas, em soluções normalizadas, no aumento da comunicação com a documentação, na criação de uma base de dados de fabrico, etc. A estação de trabalho CAD é utilizada para ajudar no desenvolvimento de produtos, na modificação, na análise, na otimização do design e na animação por computador (Xiangbin 2022).

Devido ao seu enorme impacto económico, o CAD tem sido uma força motriz fundamental para a investigação em geometria computacional, computação gráfica e geometria diferencial discreta. De acordo com os dados de mercado, a Autodesk, a Dassault Systemes, a Siemens PLM (Product Lifecycle Management) Software e a PTC são os principais fornecedores de software CAD comercial. Para a modelação CAD 3D, é utilizado o software SolidWorks da Dassault Systemes.

Os modelos sólidos são criados utilizando as principais funcionalidades do SolidWorks, tais como caraterísticas, restrições, parâmetros e associatividade. Após a criação das peças iniciais, são formados conjuntos complexos de muitas peças. O design produz os ficheiros necessários para a impressão de modelos 3D.

3.3 DINÂMICA DE FLUIDOS COMPUTACIONAL (CFD)

A CFD modela o escoamento contínuo de fluidos utilizando Equações Diferenciais Parciais (EDP) e a discretização das EDP num análogo algébrico (séries de Taylor). Finalmente, as condições iniciais e de fronteira do problema específico são utilizadas para resolver estas equações. O método de solução pode ser utilizado de forma direta ou iterativa. Além disso, certos parâmetros de controlo regulam a convergência, a estabilidade e a precisão do método (John 1995).

O Fluent é uma técnica proeminente de volumes finitos para resolver problemas de CFD. Nesta técnica, a região de interesse é dividida em volumes de controlo. Em seguida, as equações são discretizadas e resolvidas iterativamente para cada volume de controlo. Como resultado, pode obter-se uma aproximação de cada variável em pontos específicos do domínio. Isto fornece um padrão de fluxo abrangente. O modelo de turbulência RANS SST k-ω foi utilizado neste estudo com base na física do escoamento devido à sua capacidade de resolver a velocidade perto da zona da parede e na região distante (Sogukpinar 2020).

3.4 IMPRESSÃO 3D

As técnicas de impressão 3D adoptadas no presente trabalho para o fabrico do projeto avançado INVELOX proposto, também designado por modelo integrado omnidirecional de funil de admissão, ventilador natural, difusor reto, divisor e flange (I^2NS^2F), são apresentadas neste capítulo. A Figura 3.2 ilustra o fluxo de trabalho do processo de impressão 3D.

3.4.1 Etapas do processo de impressão 3D

Criação de modelos 3D

Este processo começa com um desenho digital, uma representação digital 3D de um elemento sólido de triângulos. As superfícies destes triângulos são guardadas num ficheiro informático para definir a geometria do desenho. De seguida, o software CAD, os scanners 3D, os algoritmos paramétricos e a geometria 3D pré-fabricada são utilizados para gerar modelos 3D.

Seleção do formato do ficheiro

A estereolitografia (STL) é o formato de ficheiro mais utilizado para dados de modelação 3D. No entanto, podem ser utilizados vários formatos de ficheiro, incluindo Object File Format (OBJ), Additive Manufacturing File (AMF) e 3D Manufacturing Format (3MF). STL é um acrónimo de Standard Triangle Language (Linguagem Triangular Padrão) e Standard Tessellation Language (Linguagem de Tesselação Padrão). No domínio da impressão 3D, as representações de estrutura de arame passaram a ser consideradas como um padrão para operações de ficheiros. As superfícies produzidas pela intersecção de polígonos servem como elemento fundamental de construção das malhas de estrutura de arame. Uma face triangulada é o nome dado a esta superfície. A resolução é limitada no formato de ficheiro STL porque se baseia em estruturas de arame. Além disso, é um formato de ficheiro que pode ser lido por uma impressora 3D e contém informações de modelação 3D e de corte (Comité F42 2009).

Corte de modelos 3D

O programa de corte verifica a existência de erros com base nas definições, corta o modelo 3D em camadas, adiciona suportes conforme necessário e cria padrões de preenchimento interior. A impressora 3D utiliza esta informação para imprimir o objeto camada a camada. O software de corte detecta lados sobrepostos, lacunas desalinhadas, faces cruzadas ou um objeto não manipulado. Podem ser necessários suportes mecânicos para imprimir o objeto com precisão. Após a impressão, estes elementos de suporte são removidos do objeto.

Impressão de modelos 3D

Após a conclusão da fase de corte, a informação do modelo cortado é entregue à impressora. Dependendo do tipo de impressora 3D, podem ser utilizados vários materiais, como plásticos, metal, cerâmica, vidro, etc. A impressora 3D segue as instruções passo a passo, camada a camada.

Aperfeiçoamento da impressão

Após a conclusão da impressão, pode ser necessário limpar e remover qualquer material perdido. Uma vez que o processo de impressão envolve a ligação de camadas de material para criar o produto, a estratificação será visível. Existem vários métodos para alisar as camadas.

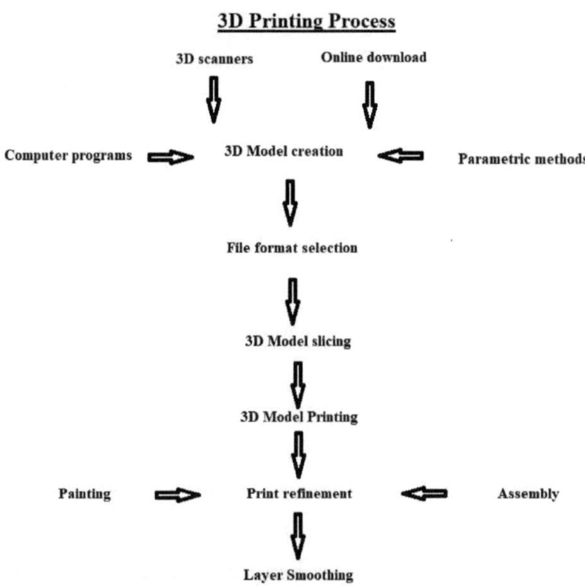

Figura 3.2 Fluxo de trabalho do processo de impressão 3D

3.4.2 Várias técnicas de impressão 3D

1. Fusão em leito de pó (PBF)

2. Jato de material

3. Deposição por energia dirigida (DED)

4. Fotopolimerização em cuba

5. Extrusão de materiais ou modelação por deposição em fusão (FDM) ou fabrico por filamento fundido (FFF)

3.4.3 Modelação por deposição em fusão (FDM) ou fabrico por filamento fundido (FFF)

O filamento termoplástico é aquecido e extrudido em camadas para a área de impressão através de um bocal na extrusão de material. Durante o arrefecimento, estas camadas fundem-se com a camada anterior. Esta abordagem utiliza uma variedade de materiais, incluindo plásticos e polímeros infundidos com outros componentes. É recomendada para a prototipagem rápida devido ao seu baixo custo e rapidez.

Esta tecnologia é demonstrada através de FDM ou FFF. Este é um dos processos mais rápidos para produzir produtos complexos no mais curto espaço de tempo, sem utilizar processos de fabrico complicados ou máquinas de grandes dimensões. A impressora é carregada com uma bobina de filamento termoplástico. O filamento entra na extrusora. A temperatura do bocal é aumentada para o nível necessário. O filamento do bocal funde-se. A extrusora está ligada a um sistema de três eixos que lhe permite mover-se de forma precisa e consistente nos eixos X, Y e Z. Os filamentos fundidos são extrudidos em fios finos. Este é aplicado camada a camada, delineando o item a ser impresso antes de arrefecer e solidificar. O arrefecimento do filamento extrudido pode ser acelerado ligando uma ventoinha de arrefecimento à extrusora.

Normalmente, um contorno é insuficiente e o objeto requer algum preenchimento para manter as camadas superiores e tornar a estrutura robusta. Este preenchimento é geralmente uma malha rugosa de linhas. Quando uma camada é concluída, a extrusora ou a plataforma de construção é deslocada para dar lugar à camada seguinte a ser depositada. Este método é continuado até o produto estar terminado.

Os componentes das impressoras 3D FDM são 1. Ecrã, 2. placa de controlo, 3. motor de passo, 4. hastes com fios, 5. Estrutura, 6. bobina de filamento,

7. extremidade quente e fria, 8. fonte de alimentação, 9. polia, 10. cama de impressão, 11. extrusora. O produto fabricado em 3D para o projeto da turbina eólica I^2NS^2F na máquina FDM de impressão 3D Ender é mostrado na Figura 3.3 (Torta &Torta 2019).

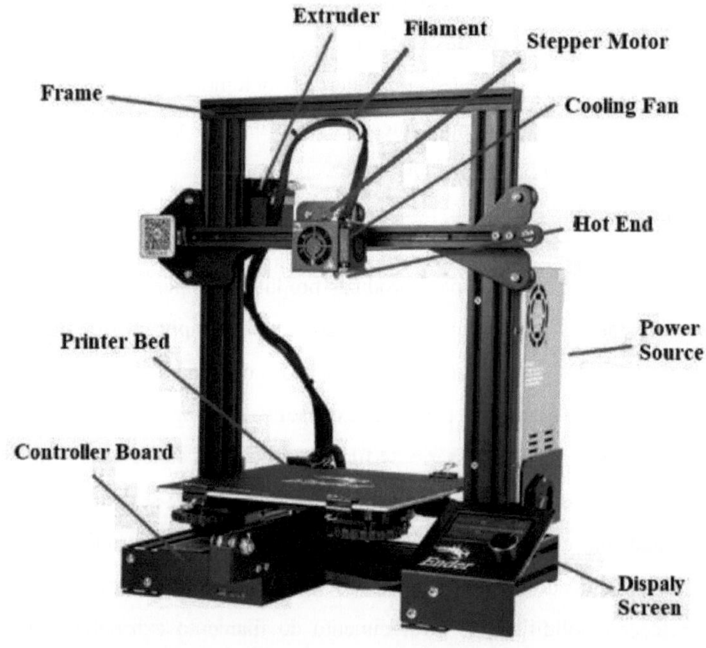

Figura 3.3 Máquina de impressão 3D FDM da Ender

3.4.4 Materiais de impressão 3D

A seleção do material para um projeto requer a troca de muitos factores com base na utilização do objeto, nos materiais disponíveis e no custo. Os termoplásticos de impressão 3D mais comuns incluem o ácido poliláctico (PLA), o acrilonitrilo butadieno estireno (ABS) e o nylon. Para além disso, os materiais de impressão 3D estão disponíveis em várias formas, cores e estilos. Por conseguinte, devem ser avaliados à luz das aplicações e dos requisitos do projeto.

O PLA é o material de impressão mais comum devido à sua facilidade de impressão e ao seu baixo alongamento. Se a base de impressão estiver coberta com fita azul, o PLA não necessita de uma base aquecida. Esta é considerada uma grande vantagem do material PLA. O PLA tem uma temperatura de impressão baixa de 210°C, velocidade de impressão normal e baixo custo. O PLA tem frequentemente um melhor desempenho quando arrefecido com uma pequena ventoinha. O filamento PLA é higroscópico (absorção de água do ar), o que pode afetar as suas caraterísticas e qualidade de impressão (Joan & Cameron 2020). Os materiais PLA foram escolhidos para utilização na turbina eólica impressa em 3D aqui descrita devido ao seu baixo custo, elevada disponibilidade, fiabilidade e necessidades limitadas de impressão
(Bassett *et al.* 2015). Com base nas vantagens acima referidas, os materiais PLA foram escolhidos para a impressão 3D da I^2NS^2Fdesign.

3.5 ENSAIO EM TÚNEL DE VENTO

3.5.1 Princípio de funcionamento

Um túnel de vento é a ferramenta mais importante na análise experimental da estimativa da velocidade do vento das turbinas eólicas do tipo INVELOX. O estudo em túnel de vento fornece dados muito fiáveis para apoiar as decisões de projeto. Além disso, os túneis de vento poupam tempo e dinheiro durante a fase de projeto. No entanto, o ensaio em túnel de vento de um sistema de turbina real com pás maciças num túnel de vento não é normalmente viável, uma vez que os grandes diâmetros não cabem fisicamente no túnel e o disco do rotor causaria uma obstrução excessivamente grande. Assim, são utilizados modelos à escala reduzida para investigar a complexa dinâmica dos fluidos dos produtos.

O modelo físico pode ser testado antes de se criar um protótipo físico. Para além da conceção, devem ser tidas em conta outras condições, como a pressão, a temperatura ou a velocidade e natureza do fluido. A similitude é considerada quando os parâmetros de ensaio são especificados de modo a que os resultados do ensaio sejam aplicáveis ao projeto real. É importante desenvolver um modelo à escala reduzida com base nas leis de semelhança, incluindo a geométrica, a cinemática e a dinâmica.

A semelhança geométrica refere-se à capacidade do modelo e do protótipo para comparar as dimensões geométricas com os rácios de dimensão caraterísticos. A semelhança geométrica preserva todos os ângulos. Todas as direcções de fluxo são mantidas. O modelo e o protótipo podem ter a mesma visão do meio envolvente. A semelhança cinemática denota a capacidade de comparar os rácios de velocidade do fluxo entre o modelo e o protótipo em vários locais. Devido às semelhanças cinemáticas, o modelo e o protótipo devem ter os mesmos rácios de comprimento e de escala de tempo. A semelhança dinâmica obtém-se quando o modelo e o protótipo têm o mesmo rácio de escala de comprimento (ou seja, semelhança geométrica), rácio de escala de tempo (ou seja, semelhança cinemática) e rácio de escala de força (ou escala de massa). Nas experiências em túnel de vento, a maior parte da investigação atual centra-se nas semelhanças geométricas e cinemáticas dos modelos de turbinas eólicas à escala. Além disso, as experiências sobre a semelhança dinâmica não produziram resultados significativos (Weihua *et al.* 2013).

O princípio do túnel de vento está relacionado com os fluxos de condutas internas, que recebem o vento do ventilador, são limitadas pelas paredes de fronteira e expandem-se para permear todo o fluxo no difusor de entrada. A porosidade do favo de mel é a câmara de decantação do túnel para a racionalização do fluxo de vento na secção de ensaio. O vento é propositadamente empurrado através de uma contração antes de entrar na secção de ensaio para recuperar a perda de energia na secção de assentamento. Um fluxo ascendente quase invisível converge através do bocal e entra na conduta numa zona de entrada. A uma distância finita da entrada, a camada limite funde-se e o núcleo inviscido desaparece enquanto a camada viscosa cresce e obstrui o fluxo axial na conduta. Como resultado, as simulações em túneis de vento são efectuadas posicionando o protótipo num escoamento sem turbulência e obtendo os resultados desejados.

Quando a área da secção transversal de um escoamento é reduzida, a velocidade e a pressão aumentam, e vice-versa. É preferível atingir a maior velocidade possível na secção de ensaio. As secções de ensaio alargadas são geralmente preferidas para assegurar o desenvolvimento de uma camada limite em equilíbrio natural.
A secção de ensaio de um túnel de vento subsónico é colocada no final da secção de contração e a montante do difusor. Dado que a velocidade é uma função da da área da secção transversal, a secção de ensaio pode ser concebida utilizando os princípios de conservação da massa para escoamentos subsónicos. O modelo de turbina eólica I^2NS^2F em miniatura impressa em 3D está firmemente fixado ao túnel para suportar o fluxo de vento interior. O túnel de vento tem uma disposição de montagem para encaixar os vários sensores que detectam a velocidade, a pressão e outras variáveis ao longo do percurso do fluxo. O diagrama esquemático de uma instalação de ensaio em túnel de vento é apresentado na Figura 3.4 e as instalações do laboratório (Departamento de Mecânica, Universidade SRM, Chennai, Índia) são apresentadas na Figura 3.5.

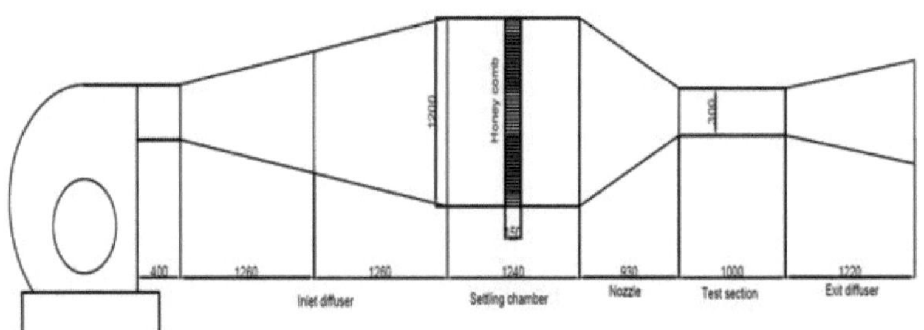

Figura 3.4 Esquema da instalação do túnel de vento

Figura 3.5 Instalação laboratorial em túnel de vento

3.5.2 Pormenores do túnel de vento

Os pormenores técnicos das instalações do túnel de vento são indicados a seguir. Além disso, o quadro 3.1 descreve a velocidade do ventilador no túnel de vento e a velocidade do vento prevista para a secção de ensaio.

Secção transversal de ensaio e comprimento: 300 mm x 200 mm e 1000 mm

Velocidade máxima: 35m/s a 1200 rpm

Secção em favo de mel: 1200mm x 1200mm

Unidade de acionamento: 3 fases, 7,5 kW, 1440 rpm (velocidade variável)

Tipo de ventilador: Radial

Tamanho do impulsor: 570 mm de diâmetro

Instrumentos de apoio: Anemómetro digital de fio quente, tacómetro digital, unidade VFD, termómetro digital.

Quadro 3.1 Detalhes técnicos do túnel de vento - Velocidade do ventilador Vs Velocidade da secção de ensaio

S.N.	RPM do ventilador	Velocidade média da secção de ensaio (m/s)
1	100	2.984
2	200	6.305
3	300	9.798
4	400	12.77
5	500	15.615
6	600	18.68
7	700	22.26
8	800	24.835
9	900	27.955
10	1000	30

3.6 APRENDIZAGEM PROFUNDA (DL)

A aprendizagem profunda pode ajudar a aprender a velocidade do vento não linear e as caraterísticas meteorológicas. No entanto, a não linearidade e a incerteza da velocidade do vento complicam o processo de aprendizagem. Utilizando a natureza de dependência de sequência dos dados de carga, uma metodologia DL eficaz conhecida como RNN é adaptável para lidar com a incerteza e a não linearidade. No entanto, a RNN sofre de um problema de memória de curto prazo quando lida com séries temporais de dados dependentes da sequência. Nas versões avançadas da RNN, conhecidas como LSTM, a memória substitui cada neurónio na unidade oculta por três portas (Jaseena & Kovoor 2021).

Embora a RNN seja uma metodologia de DL versátil e eficaz para lidar com dados de dependência de sequências de séries temporais, tem um problema de memória de curto prazo. A memória substitui cada neurónio na unidade oculta por três portas em RNNs avançadas, como a LSTM. Consequentemente, não pode armazenar a informação do estado oculto durante um período prolongado. Estas questões são abordadas no LSTM através da utilização de células e portas de memória ligadas de forma recorrente. A memória externa é utilizada para manter o estado da memória estável ao longo do tempo. Cada célula de memória LSTM tem um mecanismo de controlo que regula o fluxo de informação de e para a célula de memória. Esquecem-se que as portas de entrada e saída determinam que informação já não é necessária para ser mantida na célula, que informação da entrada deve ser utilizada para atualizar o estado atual e que informação deve ser incluída na saída. Em vez de utilizar toda a informação do estado anterior da célula na célula atual como a RNN, efectua uma seleção flexível da informação utilizando portas. Como resultado, armazena dados durante um período mais longo e analisa eficazmente a dependência da sequência de dados meteorológicos de séries temporais.

3.6.1 Metodologia proposta

Esta secção discute a metodologia proposta para a previsão da velocidade do vento e o cálculo da potência para a turbina eólica I^2NS^2F. Para o processo de previsão, o modelo proposto combina o LSTM melhorado com o BWO melhorado, que é aumentado com o emprego do MFO, e é utilizada uma equação de potência para a determinação da potência. A Figura 3.6 mostra o fluxo de trabalho do trabalho proposto. Os resultados da velocidade da análise do escoamento de fluidos do Ansys Fluent foram utilizados para criar uma base de dados e treinar o sistema de previsão.

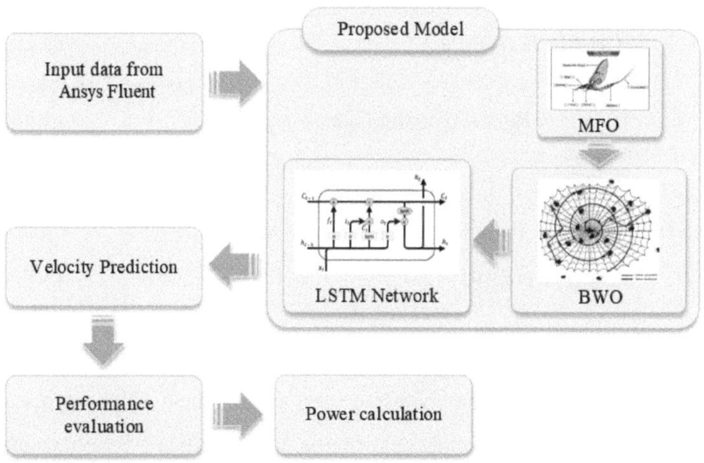

Figura 3.6 Estrutura do fluxo do processo do modelo de DL proposto

3.6.2 Memória de curto prazo longa (LSTM)

A rede LSTM é o modelo avançado da RNN, que não pode recuperar memórias de longo prazo. No entanto, a LSTM pode armazenar dados de longo e curto prazo com a ajuda de uma unidade de célula de memória. Além disso, a LSTM funciona com três portas: a porta de entrada, a porta de saída e a porta de esquecimento. Em primeiro lugar, a porta de entrada alimenta a camada oculta com os dados da linha temporal passada e presente. Em seguida, a porta do esquecimento é executada e obtém os dados necessários para o processamento posterior. Por fim, a porta de saída armazena os dados actuais e alimenta a camada adicional. Como ilustrado na Figura 3.7, a célula de memória do bloco é regida pelas portas apresentadas.

Consideremos a sequência de entrada como$(a_1, a_2, \ldots, a_n)$ e o estado da camada oculta é considerado como$(m_1, m_2, \ldots, m_n)$, pelo que as equações para estimar os valores de cada função de porta no momento t são dadas a seguir,

$$x_t = \sigma(s_x k_{t-1} + u_x a_t) \tag{3.1}$$

$$g_t = \sigma(s_g k_{t-1} + u_g a_t) \tag{3.2}$$

$$R_t = g_t \times R_{t-1} + x_t \times \tanh(s_R k_{t-1} + u_R a_t) \tag{3.3}$$

$$p_t = \sigma(s_p k_{t-1} + u_p a_t + v_p R_t) \tag{3.4}$$

$$k_t = p_t \times \tanh(R_t) \tag{3.5}$$

em quex_t representa o valor de entrada,k_{t-1} indica a saída da camada anterior,a_t designa a entrada atual no momento , tg_t representa o valor da porta de esquecimento,R_t indica a célula de memória ep_t especifica o valor da porta de saída. Para além disso,k_t representa a saída do bloco e$s, u,$ and v expressa a polarização do peso. Aqui,σ e$\tanh$ são considerados como a função de ativação.

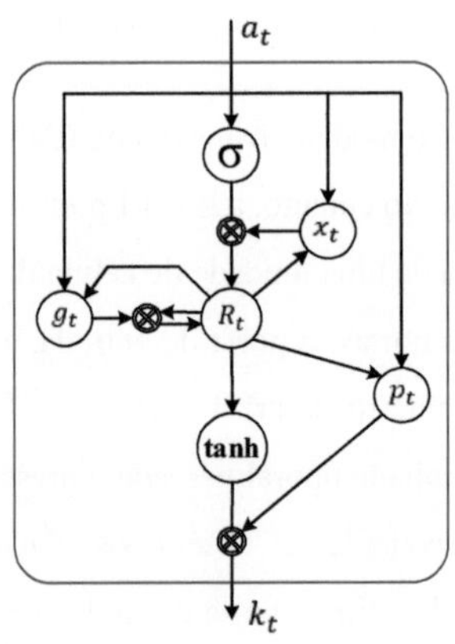

Figura 3.7 Diagrama de blocos do LSTM

3.6.3 Algoritmo de otimização da viúva negra (BWO)

Devido à sua simplicidade e adaptabilidade, foi aplicado um método de otimização meta-heurística baseado nas actividades de acasalamento das aranhas viúvas negras para resolver problemas de investigação. As actividades de acasalamento únicas das aranhas viúva-negra inspiraram o BWO. O canibalismo é uma fase distinta deste algoritmo. A aranha fêmea inicia o processo de acasalamento localizando o lugar exato da sua rede, utilizando uma feromona para impressionar a aranha macho. O primeiro é o canibalismo sexual, que é oferecido ao valor de aptidão das populações de aranhas macho e fêmea. O segundo é o canibalismo entre irmãos, que aumenta as taxas de canibalismo, mantendo as aranhas jovens mais aptas na população e rejeitando as outras. O terceiro tipo é utilizado com base no valor de aptidão das aranhas jovens e da aranha-mãe. Como resultado da exclusão de espécies com baixa aptidão do circuito, esta fase conduz a uma convergência precoce. Este BWO difere de outros métodos numa série de aspectos significativos. O BWO tem um desempenho excecional durante as fases de exploração e prospeção, evita problemas com óptimos locais e tem um tempo de convergência rápido. Além disso, consegue manter um equilíbrio entre a exploração e a prospeção. O BWO será adequado para resolver vários problemas de otimização com vários óptimos locais, uma vez que pode inspecionar uma vasta área para encontrar a melhor solução global (Vahideh & Ali Asghar 2020).

O processo BWO começa com uma população inicial aleatória de viúvas negras. Esta população aleatória inclui viúvas negras fêmeas e machos para produzir descendentes para a geração seguinte. A população inicial de uma viúva negra é definida na equação,

$$X_{N,d} = \left[x_{1,1} x_{1,2} x_{1,3} \ldots \ldots x_{1,d}\right] \quad (3.6)$$

em que $X_{N,d}$ representa a população de viúvas negras,d representa o número de variáveis de decisão,N indica o número da população eub representa o limite superior da população . Utilizando a população de soluções potenciais($X_{N,d}$) para maximizar ou minimizar a função objetivo, esta é definida como

$$\text{Objective Function} = f(X_{N,d}) \tag{3.7}$$

No modelo BWO, vários parâmetros predefinidos são específicos, tais como , , ,$Q_{pt}Q_eR_P,R_E,\Omega_{ts}\Omega_{es},\Omega_{er}\Omega_{sr}$, , ,que são determinados nesta secção. Esses parâmetros mostram os limites superior e inferior deP_e eP_s .

$\frac{Q_E-P_{pt}\Omega_{ts}}{\Omega_{es}}$ é o limite inferior de ,P_e $\frac{Q_P-P_{e.max}\Omega_{er}}{\Omega_{es}}$ é o limite superior de ,P_e $\frac{Q_P-(Q_E-P_{pt}\Omega_{ts})\Omega_{er}/\Omega_{es}}{\Omega_{sr}}$ é o limite superior deP_s e$\frac{Q_P-P_{e.max}\Omega_{er}}{\Omega_{sr}}$ é o limite inferior deP_s . A mutação da viúva negra será optimizada nesta fase, em que a taxa de mutação é utilizada para selecionar uma aranha jovem. Um pequeno valor aleatório é adicionado a uma determinada aranha jovem para o processo de mutação.

$$Z_{k,d} = Y_{k,d} + \alpha \tag{3.8}$$

em que $Z_{k,d}$ representa a população mutante de viúvas negras, $Y_{k,d}$ representa a aranha jovem selecionada aleatoriamente, k indica o número selecionado aleatoriamente eα designa o valor mutante aleatório.

3.6.4 Algoritmo de otimização do Mayfly (MFO)

O MFO é desenvolvido através da combinação do Algoritmo Genético (GA), da Otimização por Enxame de Partículas (PSO) e do Algoritmo do Pirilampo. Este algoritmo é efectuado com base no comportamento de acasalamento dos pirilampos machos e fêmeas. O MFO tem uma excelente taxa de convergência e velocidade de convergência. Um algoritmo pode evitar os óptimos locais e melhorar o equilíbrio entre as suas capacidades de exploração e de prospeção realizando a dança nupcial e operações de voo aleatórias (Zervoudakis & Tsafarakis 2020).

As populações masculina e feminina são inicializadas como $x = [x_1, \ldots, x_d]$ e $y = [y_1, \ldots, y_d]$, respetivamente. Estas populações são utilizadas para encontrar a solução candidata para o vetor d-dimensional. A função objetivo do MFO está representada abaixo,

$$FF = \text{Optimal learning rate} \tag{3.9}$$

Além disso, utilizando a equação abaixo, calcula-se a velocidade correspondente,

$$v = [v_1, \ldots, v_d] \tag{3.10}$$

Aqui, $f(g_{best})$ representa a melhor posição global, que é utilizada para atualizar a iteração seguinte e calcular a distância cartesiana entre o melhor agente global g_{best} e o elemento pessoal. Esta afirmação é descrita pelas equações abaixo.

$$X_i^{t+1} = x_i^t + v_i^{t+1} \tag{3.11}$$

$$v_{ij}^{t+1} = v_{ij}^t + a_1 e^{-\beta r_g^2}\left(gbest_j - x_{ij}^t\right) + a_2 e^{-\beta r_p^2}\left(pbest_{ij} - x_{ij}^t\right) \tag{3.12}$$

onde,

x_{ij}^t=>Na iteração atual t, o agente i na dimensão j,

v_{ij}^t=>Velocidade,

a_1 => Coeficiente de aprendizagem global,

a_2 => Coeficiente de aprendizagem pessoal,

r_g => Distância cartesiana para global,

r_p => distância cartesiana para pessoal,

Além disso, a velocidade do agente mais fino para a iteração atual é calculada aplicando a seguinte equação,

$$v^{t+1} = v^t + d \times r \tag{3.13}$$

onde,

d => Dança nupcial,

r => Variável aleatória localizada em [-1,1]

A velocidade de movimento da efémera é então actualizada utilizando a seguinte equação, que é determinada tendo em conta a distância cartesiana entre os machos e as fêmeas.

$$V_{ij}^{t+1} = \begin{cases} v_{ij}^t + a_3 e^{-\beta r_{mf}^2}\left(x_{ij}^t - y_{ij}^t\right), & \text{if } f(y_i) > f(x_i) \\ v_{ij}^t + fl \times r, & \text{if } f(y_i) \leq f(x_i) \end{cases} \tag{3.14}$$

onde,

y => Agente feminina,

a_3=> Coeficiente de aprendizagem,

β => Coeficiente de visão à distância,

r_{mf}=> distância cartesiana entre o agente feminino e o agente masculino

Após esta avaliação, a melhor mosca fêmea selecionou a melhor mosca macho para acasalar e produzir descendência. Uma fração da descendência criada é masculina, enquanto as restantes são fêmeas. Por fim, a solução fraca é substituída pela melhor solução, repetindo o processo até se obter a melhor solução desejada.

3.6.5 LSTM melhorado proposto

Esta secção explora o desenvolvimento do LSTM melhorado proposto para o processo de previsão da velocidade. Em primeiro lugar, o LSTM inicializa os parâmetros para o conjunto de dados de entrada e estima os valores da porta de acordo com as Equações (3.1-3.5). O valor de aptidão para os parâmetros inicializados é então computado via BWO. O BWO inicializa aleatoriamente a população utilizando a Equação (3.6). A função objetivo do BWO está representada na Equação (3.7). O BWO usa a Equação (3.8) para realizar o processo de mutação. A população é selecionada. Como resultado, este processo e o parâmetro mais apto são movidos para o processo de previsão, enquanto os parâmetros que não estão a ser ajustados são movidos para o MFO. A função objetivo do MFO é estimada utilizando a Equação (3.9). Em seguida, as populações de machos e fêmeas da mosca-das-maiças são inicializadas com base nos parâmetros que não estão a ser ajustados. O parâmetro ótimo é selecionado a partir da população inicializada. O BWO executa então o processo de estimativa dos valores de aptidão. Este é um processo iterativo que continua até que os parâmetros óptimos sejam obtidos. Depois de obter os parâmetros óptimos, o processo de previsão da velocidade é realizado. Quando a velocidade é prevista, o valor de saída é introduzido na avaliação do desempenho. Em seguida, o valor da velocidade é utilizado para calcular a potência em cada área da secção transversal do projeto I^2NS^2F proposto. A potência é assim calculada utilizando a fórmula derivada abaixo,

$$p = \frac{1}{2}\rho \times A \times E_W \times E_G \times E_T \times v^3 \qquad (3.15)$$

onde a potência é representada por$p$, a densidade do vento é denotada porρ . A A área da secção transversal é indicada por$A$, o fator de perda do turbilhão é definido porE_W , a eficiência do gerador é expressa porE_G , a eficiência da turbina é expressa porE_T e a velocidade do vento é definida por$V$. O diagrama de fluxo para o modelo DL proposto é ilustrado na Figura 3.8.

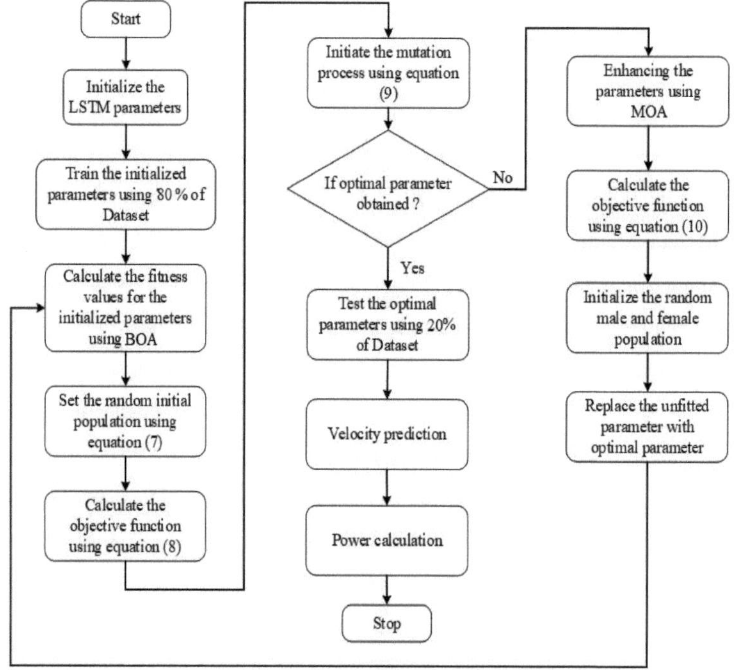

Figura 3.8 Fluxograma do modelo DL proposto

3.7 RESUMO

Este capítulo apresenta uma descrição detalhada do projeto assistido por computador, da dinâmica de fluidos computacional, do processo de impressão 3D, da configuração experimental em túnel de vento, da técnica de aprendizagem profunda, da arquitetura do modelo LSTM, dos algoritmos de otimização e do processo de validação utilizados para investigar a integração de modelos LSTM com as técnicas BWO e MFO para prever a velocidade do vento em turbinas eólicas I^2NS^2F. O capítulo seguinte desta tese descreverá o projeto e o fabrico de uma turbina eólica proposta.

CAPÍTULO 4

CONCEÇÃO E FABRICO DA TURBINA EÓLICA PROPOSTA
PROJETO DE TURBINA EÓLICA

4.1 INTRODUÇÃO

Neste capítulo, é apresentado um processo abrangente de conceção de turbinas eólicas I^2NS^2F utilizado nesta investigação. Além disso, são descritos os pormenores de fabrico do projeto escolhido.

4.2 CÁLCULO TEÓRICO

Na prática, a dimensão do sistema é fundamental neste processo de conceção. Assim, a seleção correta das dimensões é necessária para melhorar o desempenho do sistema. A técnica RSO-SCADA é um sistema de otimização de dados utilizado para otimizar os parâmetros geométricos das turbinas eólicas I^2NS^2F. É possível otimizar vários parâmetros de conceção, tais como um funil de entrada, um funil, um difusor, um divisor com abertura e um ventilador natural.

Este algoritmo cria parâmetros optimizados mais realistas e avalia o seu desempenho através da definição de um layout optimizado. O método começa por definir turbine.flag como falso e continua até que a velocidade do vento de saída seja minimizada. Quando turbine.flag é definido como true, a velocidade da turbina eólica (WT) é calculada utilizando o vento de entrada (InW) e a configuração óptima (T_0), o que é conhecido como um "movimento aleatório". Este cálculo incorpora uma técnica adaptativa. A função objetivo é WT=InW+(T_0), em que InW é a velocidade do vento de entrada determinada pela direção do vento eT_0 determina os parâmetros óptimos. O resultado da otimização, que melhora a velocidade do vento de saída, é guardado no servidor SCADA. Caso contrário, as turbinas funcionam com a velocidade do vento previamente estabelecida, actualizando o SCADA com o vento obtido. O algoritmo actualiza a disposição óptima com base nas condições. Se o WT for muito inferior ao InW, indicando que não há movimento da turbina ou geração de energia, turbine.flag é definido como falso. Caso contrário, é definido como verdadeiro, e o servidor SCADA é atualizado com o "bom movimento" que melhora o desempenho do sistema. Finalmente, os dados optimizados são armazenados no sistema SCADA. A Figura 4.1 ilustra o algoritmo de otimização.

Algoritmo:

Passo 1: Inicialização do layout de design ótimo (T_0), especifica os parâmetros optimizados do funil, tremonha de entrada, ventilador natural e divisor com aberturas.

Passo 2: Selecionar cada comprimento do funil, da tremonha de entrada, do ventilador natural e do separador com aberturas

Passo 3: Definir turbine.flag = false

Passo 4: Durante a paragem, se a velocidade for reduzida

Passo 5: Se (turbine.flag == true)

Calcular a turbina eólica (WT) com base no vento de entrada (InW) e na disposição óptima ( )T_0

$$WT = InW + T_0 \tag{4.1}$$

Avançar para o passo 9 e ligar o resultado do movimento aleatório optimizado ao servidor SCADA

Passo 6: Caso contrário

Fazer funcionar a turbina lentamente com vento previamente estabelecido e atualizar o SCADA com o vento obtido

Passo 7: Terminar se

Passo 8: Terminar enquanto

Passo 9: Se (InW==Movimento aleatório)

Obter o resultado optimizado com melhor velocidade de saída

Passo 10: Caso contrário

Parar o processo de iteração.

Vamos fazer uma tabela para cada desenho com o seu valor dimensional optimizado e está tabulado na Tabela 4.1.

Tabela 4.1 Parâmetros optimizados de diferentes modelos de turbinas

Caraterísticas críticas de Conceção do sistema	Desenho do difusor	Design do difusor de curvas	Conceção I^2NS^2F
Diâmetro de entrada	2127mm	2127mm	2127mm
Altura da tremonha de aspiração	-	2000mm	2000mm
Altura convergente	3479mm	-	3479mm
Diâmetro da turbina eólica	900 mm	900 mm	900 mm
Altura divergente	1200mm	1500mm	1200mm
Ângulo inclinado para secção convergente	9°	20°	10°
Ângulo inclinado para secção divergente	10°	20°	12°
Diâmetro de saída	2000mm	2691mm	2000mm

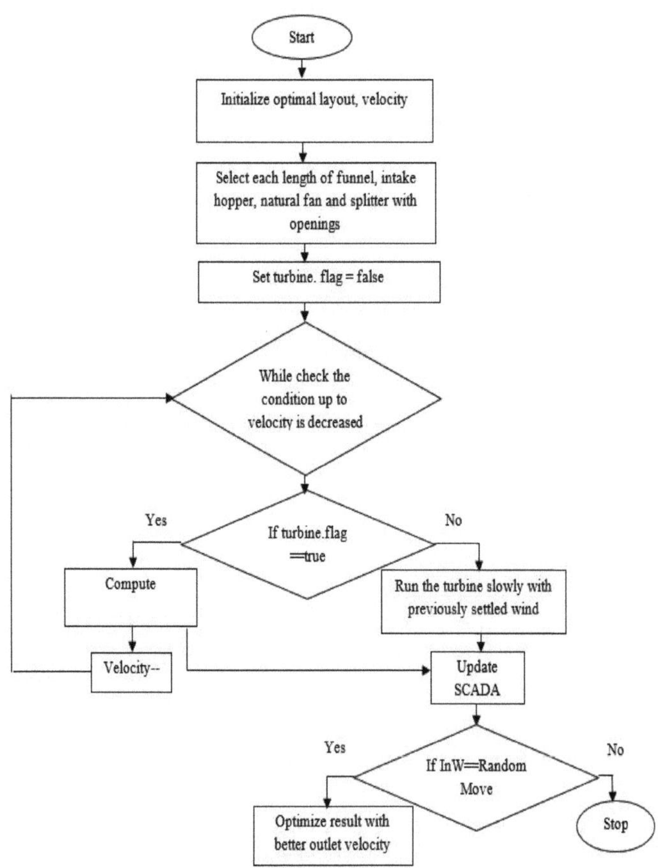

Figura 4.1 Fluxograma de conceção da metodologia proposta

4.3 CONCEÇÃO DO PRODUTO

Em primeiro lugar, as peças 3D são geradas a partir do esboço inicial para o projeto I^2NS^2F proposto no software CAD SolidWorks. Em seguida, a montagem final foi feita através do acoplamento de várias peças envolvidas, tais como o ventilador da secção do funil, a secção convergente e divergente, o rotor duplo e o separador de saída. O conjunto I^2NS^2F é gerado com um funil de entrada omnidirecional integrado, um ventilador natural, um difusor reto, um divisor e uma flange. As peças 3D e a montagem são analisadas e inspeccionadas em para verificar as dimensões corretas, as interferências e as falhas de conceção. A conceção ascendente é adoptada porque os componentes são criados separadamente e as suas relações podem ser totalmente descritas. É uma excelente técnica a empregar quando é opcional desenvolver referências que regulem o tamanho ou a forma dos componentes uns em relação aos outros.

Em seguida, foram produzidos desenhos sem falhas de conceção com dimensões e anotações críticas no modelo de desenho, ilustrados na Figura 4.2. e a geometria CAD da montagem final é apresentada na Figura 4.3. Este desenho inclui 5 portas de teste (TP) para inserir o anemómetro para medição da velocidade e duas estruturas de suporte para montar firmemente este desenho na haste da câmara de ensaio do túnel de vento, que é o desenho experimental apresentado na Figura 4.4. Finalmente, a montagem é guardada no formato Parasolid (X_T), o meio de transferência de entrada para a ferramenta Ansys Fluent. Além disso, a montagem criada no SolidWorks é convertida para o formato de ficheiro STL, a entrada para a máquina de impressão 3D FDM.

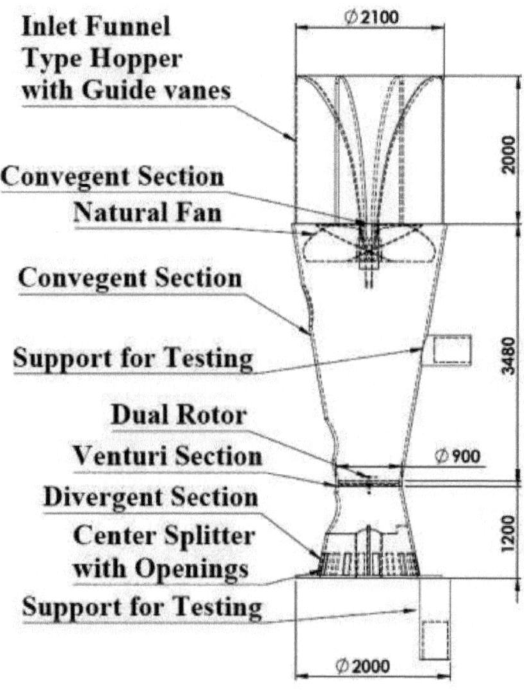

Figura 4.2 Dimensões críticas da turbina eólica de projeto I^2NS^2F

Figura 4.3 Geometria CAD da conceção I^2NS^2F

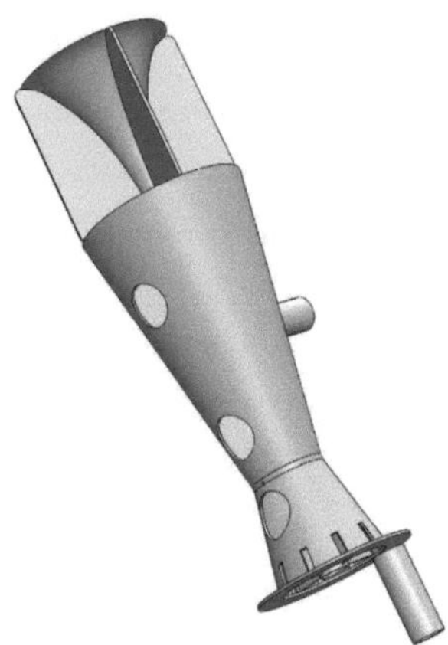

Figura 4.4 Geometria CAD da conceção I^2NS^2F com portas de ensaio e estruturas de apoio (conceção experimental)

4.4 IMPRESSÃO 3D

Inicialmente, foi criado um modelo digital 3D no software CAD SolidWorks e convertido para o formato de ficheiro STL. De seguida, o modelo é transmitido para o software de corte utilizando a Ultimaker Cura. De um modo geral, o Ultimaker Cura é um software que gera código G. Este software gera código G adaptado a uma impressora específica utilizando camadas geríveis do ficheiro de modelo CAD. O código G pode ser enviado para o bocal da impressora para criar um modelo físico. Estas camadas determinam o acabamento da superfície do modelo fabricado. O acabamento da superfície será melhorado através da redução da espessura das camadas. Agora que o modelo passou por todas estas etapas, está pronto para ser fabricado.

Esta impressão começa com a alimentação de um laço de material termoplástico através de um bocal. Em seguida, a substância termoplástica é aquecida pela extremidade quente a uma temperatura de transição vítrea antes de ser extrudida através do bocal. A impressora 3D utiliza filamentos termoplásticos do tipo PLA devido às suas caraterísticas mecânicas relativamente fortes, ao baixo custo e aos requisitos mínimos de impressão. De seguida, utilizando a tecnologia FDM, são impressas camadas de material PLA para criar o desenho completo, umas sobre as outras. Sem recorrer a processos de fabrico complexos ou a máquinas dispendiosas, este é um dos métodos mais rápidos para criar rapidamente produtos complicados.

A conceção de grandes estruturas impressas em 3D envolve uma série de problemas, incluindo a necessidade de equipamento de pós-processamento, mau acabamento superficial, fraca resistência das peças, resolução restrita do modelo e elevada porosidade (Gao *et al.* 2015, Moreno Nieto *et al.* 2018, Tofail *et al.* 2018). A maior parte das impressoras 3D atualmente em utilização enquadra-se na categoria de volume de trabalho de 0,01 m^3. Este é o resultado da redução efectiva do custo da tecnologia de impressão 3D para os consumidores. Além disso, o número de impressoras de secretária aumentou substancialmente nos últimos tempos. Isto leva ao fabrico de peças individuais em miniatura do projeto de turbina eólica I^2NS^2F, tais como o modelo de funil de entrada, o modelo de ventilador natural, o modelo convergente com divisor e o modelo de rotor duplo pela máquina de impressão 3D FDM da Ender, como se mostra nas Figuras 4.5, 4.6, 4.7 e 4.8. O conjunto final é produzido através da montagem de peças individuais impressas por colagem com o adesivo à base de ciano acrilato (Loctite Super Glue Plastics Bonding System), que é mostrado na Figura 4.9.

Com o aparecimento da tecnologia de impressão 3D FDM, acessível e económica, a energia eólica tem o potencial de obter um novo e potencialmente substancial benefício. O fabrico rápido e direto de modelos em miniatura por impressora 3D reduz os preços, elimina os resíduos e melhora a acessibilidade das turbinas eólicas a nível mundial.

Figura 4.5 Modelo físico impresso em 3D da tremonha do funil de entrada

Figura 4.6 Convergente físico impresso em 3D com modelo de divisor

Figura 4.7 Modelo físico de ventilador Natural impresso em 3D

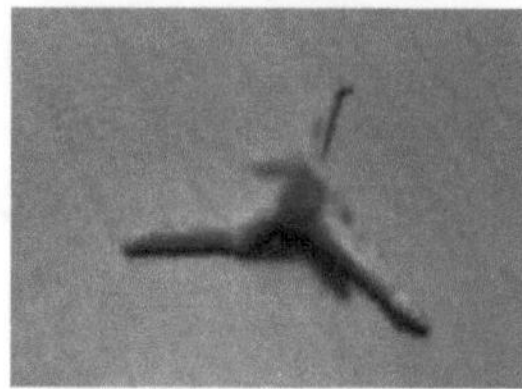

Figura 4.8 Modelo físico impresso em 3D do rotomodelo Dual

Figura 4.9 Modelo de montagem física impresso em 3D para ensaios em túnel de vento

4.4.1 Detalhes da impressora 3D

As especificações técnicas da impressora 3D FDM estão listadas abaixo:

Nome da impressora : Creality Ender 5

Tecnologia de impressão 3D: FDM

Material do filamento de impressão : PLA

Tamanho da construção: 220mmx220mmx250mm

Diâmetro do filamento: 1,75 mm

Altura da camada: 0,2 mm

Espessura da parede: 0,8 mm

Contagem de paredes : 2

Velocidade de impressão: 70mm/s

Temperatura da mesa de impressão: 200°C

Enchimento : 100%.

4.5 RESUMO

Este capítulo apresenta uma descrição exaustiva da otimização dos parâmetros de conceção, da conceção e da montagem de turbinas eólicas I^2NS^2F utilizando o software CAD SolidWorks. Além disso, apresenta o fabrico deste novo projeto utilizando a tecnologia de impressão 3D FDM. Os resultados e a discussão da tese serão explorados no próximo capítulo.

CAPÍTULO 5

RESULTADOS E DISCUSSÕES

5.1 INTRODUÇÃO

Esta secção apresenta o estudo computacional de turbinas eólicas utilizando os programas MATLAB Simulink e Ansys Fluent. É examinada a distribuição da velocidade para várias velocidades de entrada do vento. Foi utilizada uma técnica de aprendizagem profunda para prever a velocidade e a potência do vento, que foi implementada como software de aplicação. Também apresenta indicadores de desempenho para avaliar o modelo de aprendizagem profunda. O desempenho eficiente do modelo DL sugerido foi demonstrado por comparação com outros modelos DL, como LSTM, BW-LSTM, MF-LSTM e MFBW-LSTM. A comparação dos resultados dos testes em túnel de vento com as simulações computacionais também é investigada. Por fim, são apresentadas as principais conclusões e interpretações dos estudos experimentais e computacionais.

5. ANÁLISE COMPUTACIONAL

Na secção de simulação, quatro concepções da turbina eólica são concebidas no MATLAB Simulink e a conceção I^2NS^2F proposta é simulada no software Ansys Fluent. A conceção I^2NS^2F acima referida é analisada comparativamente nos dois domínios e os seus resultados são apresentados a seguir.

5.2.1 Estudos analíticos por MATLAB Simulink

Trata-se de uma ferramenta de programação gráfica amplamente utilizada para conceber, simular e examinar os dados introduzidos e apresentar os resultados. Neste trabalho, são construídos quatro projectos de turbinas eólicas e analisado o resultado correspondente utilizando o MATLAB Simulink. Em primeiro lugar, a velocidade real de entrada no ambiente deve ser definida para determinar a velocidade de saída da turbina eólica. Depois, com base na velocidade do vento, a pá do rotor é rodada, como se mostra na Figura 5.1.

5.2.1.1 Conceção de uma turbina eólica simples

Nesta configuração experimental, a velocidade de entrada de 5,5 m/s é aplicada para a conceção simples, resultando na velocidade mínima da turbina eólica de apenas 0,8 m/s (Hanna 2019, Takeyeldein *et al.* 2020). No entanto, esta conceção simples não é adequada para um ambiente de vento de baixa circulação. O resultado da simulação do vento de entrada e da correspondente velocidade do vento de saída é apresentado na Figura 5.2. O gráfico representa o vento de entrada, que flutua fortemente devido à ausência de revestimento difuso, e a velocidade do vento de saída também é alterada de forma adequada com base na flutuação do vento.

Figura 5.1 Conceção de uma turbina eólica simples

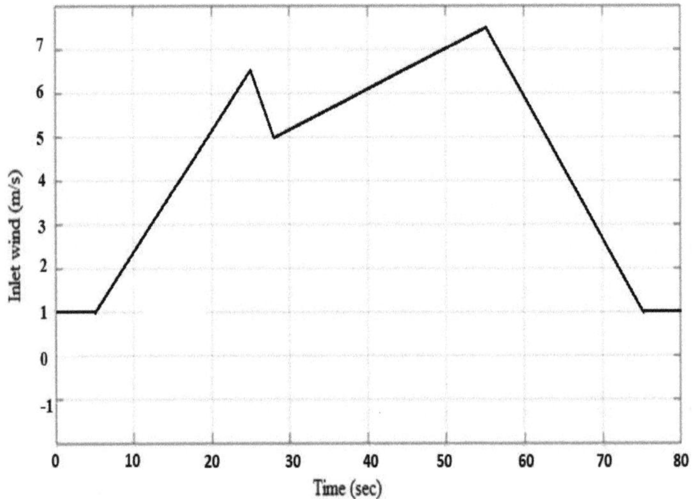

Figura 5.2 Velocidade do vento à entrada da turbina eólica nua

5.2.1.2 Conceção de turbinas eólicas de difusor

A conceção do difusor melhora a velocidade do vento na turbina sem ligar o funil de entrada, a ventoinha e o divisor de fundo. Analisa o comportamento do difusor utilizando um único rotor, gerando uma maior velocidade do vento de saída na secção de risco (Takeyeldein *et al.* 2020). Foi feita uma melhor melhoria aumentando o comprimento da secção divergente, mas esta variação é menos eficaz do que a conceção da turbina eólica simples. Na entrada do difusor, é notificado que o vento de entrada transporta apenas uma pressão atmosférica mais baixa, resultando numa velocidade do vento da turbina melhorada e numa eficiência máxima. A vista 3D deste projeto, a entrada de vento e a saída estão representadas nas Figuras 5.3, 5.4 e 5.5.

Neste caso, assume-se que a velocidade do vento de entrada é de 5,5 m/s, uma velocidade do vento muito baixa que deve ser melhorada. (Nielson *et al.* 2020, Shaterabadi *et al.* 2020, Takeyeldein *et al.* 2020, Zhu *et al.* 2021). As zonas de classe IV (vento muito fraco) também têm uma velocidade média anual do vento de 6 m/s, de acordo com as normas de classe IEC . A linha preta especifica a velocidade do vento à entrada e a linha vermelha indica a velocidade do vento à saída. Aqui, a representação gráfica do projeto do difusor mostra aproximadamente 24m/s de velocidade do vento obtida na zona da garganta, representada na Figura 5.5. A mudança drástica na velocidade do vento é baseada na direção do vento. É causada por condições de ar em movimento ou por alterações de temperatura. Nesta conceção, a rápida melhoria da velocidade de entrada em relação à sua direção correspondente pode criar uma variação mais lenta para atingir o máximo de 24 m/s. No entanto, este design de difusor não consegue atingir a velocidade máxima de saída porque nenhum meio de pressurização força o vento.

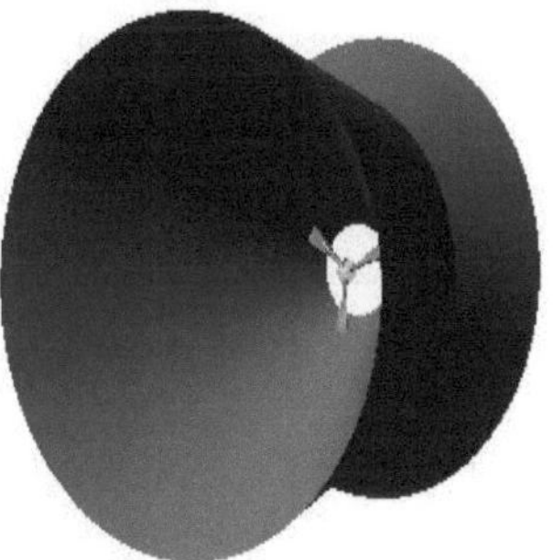

Figura 5.3 Conceção da turbina eólica de difusor

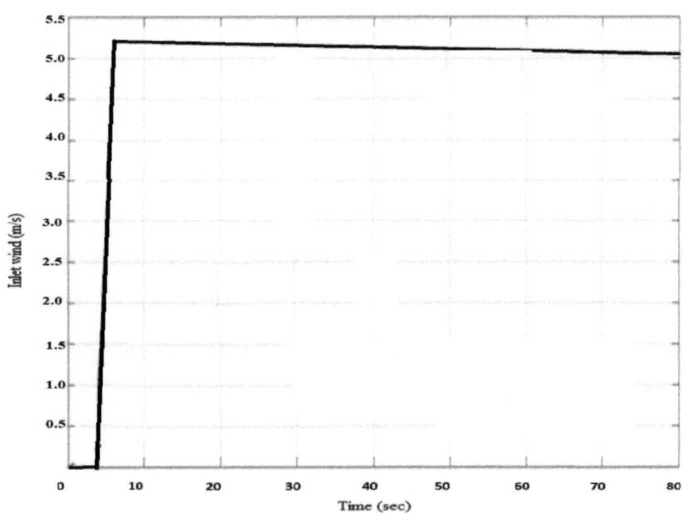

Figura 5.4 Velocidade do vento à entrada da turbina eólica de difusor

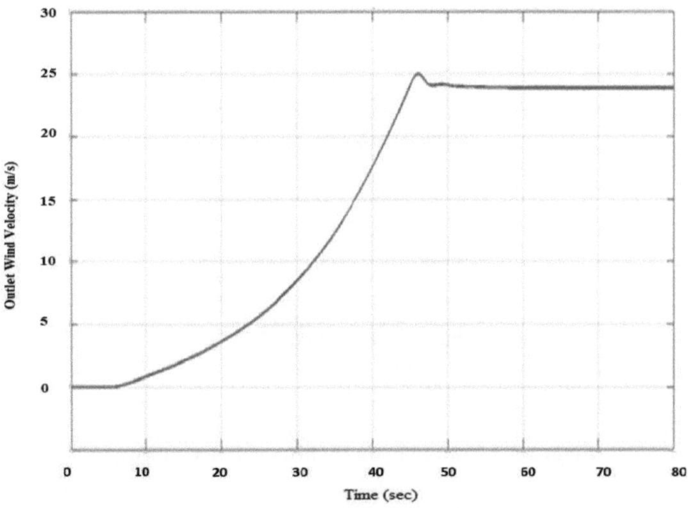

Figura 5.5 Velocidade do vento à saída da turbina eólica de difusor

5.2.1.3 Conceção do difusor de curvas com tremonha tipo funil de admissão e conceção de ventilador natural

Uma vista 3D deste projeto é simulada no MATLAB Simulink e revelada na Figura 5.6. Para avaliar a secção de curvatura, o comportamento do fluxo é limitado pelo comprimento do bocal-difusor e pelo ângulo de abertura. Com base na sua forma optimizada, a saída desejada da velocidade do vento é gerada na garganta (empreendimento). A simulação é analisada utilizando a velocidade de entrada relativa à sua direção, e a velocidade correspondente é obtida como resultado. Para o sistema de turbina com difusor de curvatura, o vento flui dentro de um projeto com uma velocidade de entrada variável, melhorando assim constantemente a velocidade do vento devido à sua porção de curvatura. Na fase inicial, a direção do vento e a sua velocidade são nulas. Este projeto pode produzir uma velocidade de turbina de cerca de 50m/s quando se utiliza uma velocidade de entrada de 5,5m/s.

Foi observada uma melhoria significativa neste projeto. O gráfico revela a entrada e a saída de vento do sistema de difusor de curvatura, apresentado nas Figuras 5.7 e 5.8. Após 40 segundos, a entrada permanece constante, enquanto a velocidade de saída atinge o seu valor máximo. Na extremidade do difusor, uma parte da velocidade de escape é eliminada. Assim, 50 m/s de velocidade de saída são gerados perto da zona da turbina, enquanto a restante velocidade de escape instável de 9,2 m/s é libertada e misturada com o ambiente. Nesta conceção, um aumento gradual do vento de entrada pode aumentar adequadamente o caudal de toda a secção. No entanto, a certa altura, a conceção da curva não pode suportar o aumento da velocidade do vento de entrada, resultando em instabilidade estrutural e deterioração. A Figura 5.7 mostra que a velocidade do vento de entrada com base na direção aumenta a 5,5 m/s.

A Figura 5.8 mostra a distribuição da velocidade do vento na zona do rotor da turbina, que é de 50 m/s. Depois disso, o vento de entrada aumenta muito e o projeto não consegue produzir uma velocidade de saída melhorada. Como resultado, ela diminui. Na parte de saída, qualquer que seja o vento de entrada aplicado ao projeto, uma pequena porção de vento é libertada através dos orifícios divisores em intervalos regulares, ilustrados na Figura 5.9.

Figura 5.6 Conceção do difusor em curva com funil de entrada e ventilador natural

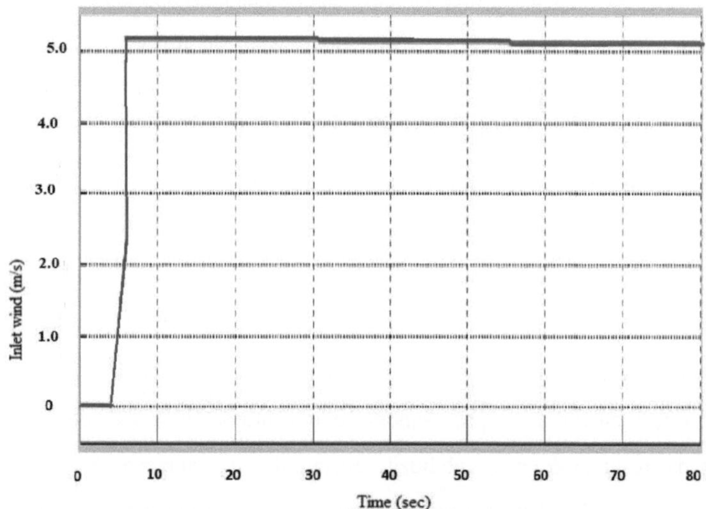

Figura 5.7 Variação da velocidade de entrada

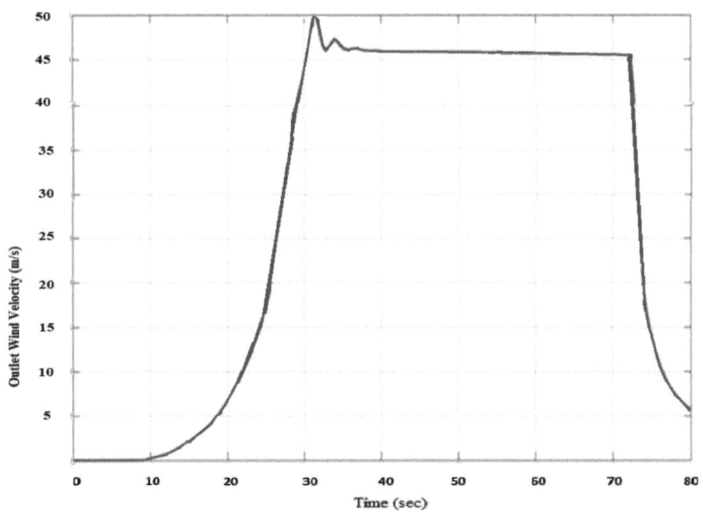

Figura 5.8 Velocidade do vento à saída

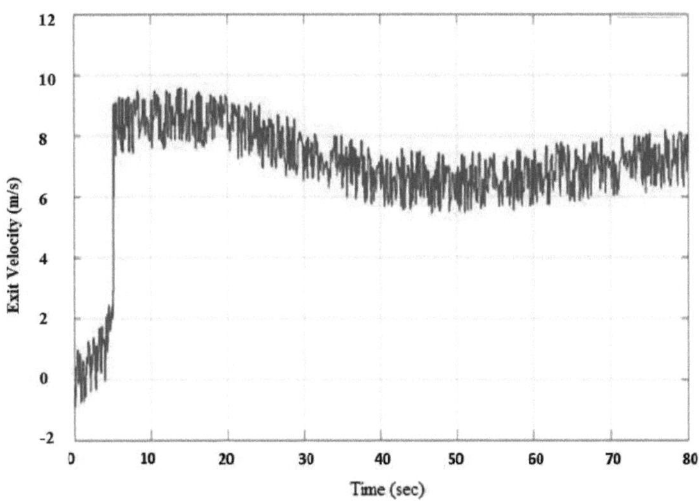

Figura 5.9 Velocidade de saída

5.2.1.4 Conceção I^2NS^2F

A conceção de difusor reto com funil de admissão e a conceção de ventilador natural utilizam o ar exterior e dirigem-no para o funil para fazer rodar a turbina que é utilizada para gerar eletricidade. O ventilador de hélice natural no sistema de admissão roda, empurrando mais ar para a entrada da turbina e criando uma diminuição da pressão à frente das suas pás. Com o maior comprimento da secção convergente, obteve-se uma maior velocidade do vento na secção venturi. Devido ao seu comportamento de fluxo de fluido retilíneo, o fluxo de fluido no interior do desenho não é colidido para resistir ao controlo da velocidade do vento. A Figura 5.10 apresenta uma perspetiva tridimensional deste projeto, que foi modelado no MATLAB Simulink.

Figura 5.10 Difusor retilíneo com funil de entrada e ventilador natural

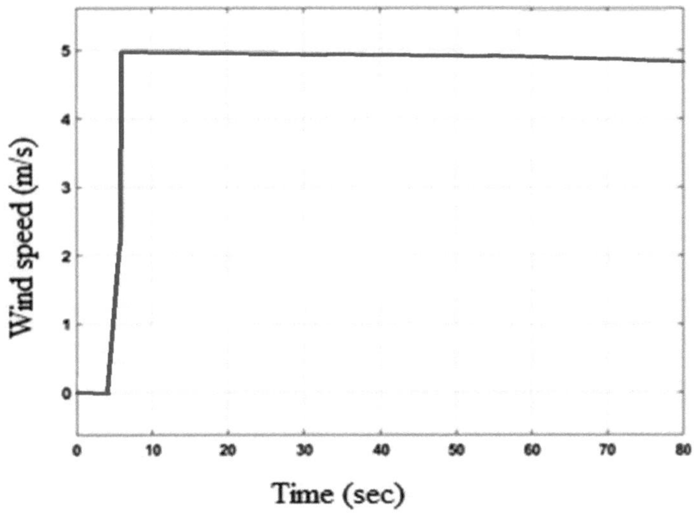

Figura 5.11 Variação da velocidade do vento em função da sua direção

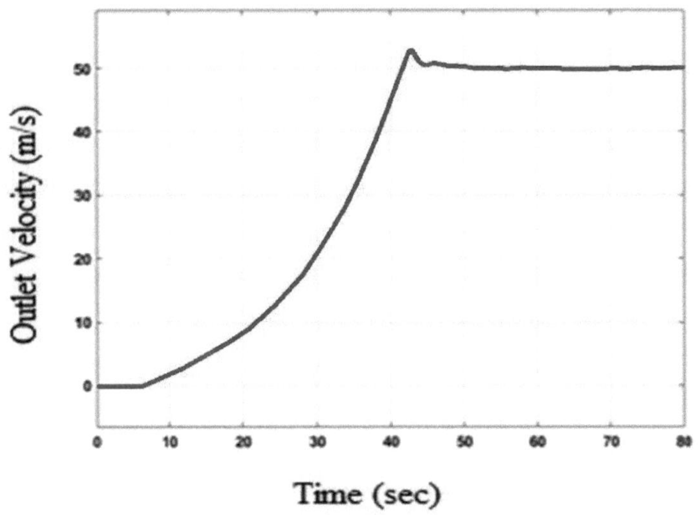

Figura 5.12 Velocidade do vento à saída

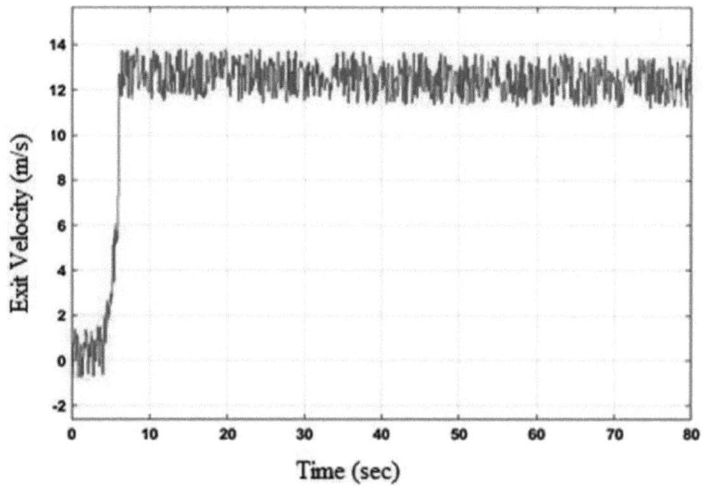

Figura 5.13 Velocidade de saída

Para demonstrar o projeto final, o vento de entrada é fornecido a 5,5 m/s. O vento de entrada, a velocidade do vento de saída e a velocidade do vento de saída do projeto I^2NS^2F estão representados nas Figuras 5.11, 5.12 e 5.13. No projeto do difusor de curvatura, o problema da estabilidade ocorre em toda a estrutura, reduzindo a eficiência. Além disso, a perda de carga de velocidade do fluxo de fluido foi reduzida drasticamente. Como resultado, é introduzido o design reto; aqui, a separação do fluxo através do funil melhora a velocidade da área da turbina. Como resultado, um fluxo constante de 5,5 m/s de velocidade de entrada pode atingir a turbina. Em contrapartida, a velocidade de saída aumenta gradualmente até atingir a velocidade de saída óptima de 53 m/s na zona do rotor da turbina. Independentemente do vento de entrada utilizado no projeto, uma pequena quantidade de vento é libertada através do orifício do divisor em intervalos regulares na região de saída.

A velocidade da turbina eólica foi medida em vários ventos de entrada para cada intervalo de tempo. O tempo de duração da instalação experimental foi fixado em 80 segundos. Porque o fluxo de fluido da turbina muda rapidamente, dependendo da direção do vento e do vento de entrada adquirido. Ao definir o tempo, o rotor da turbina funciona lentamente numa fase inicial e aumenta a sua velocidade num intervalo adequado com base no fluxo de vento no interior da turbina (Sessarego *et al.* 2020). Durante este período de tempo, as turbinas são rodadas de modo a proporcionar a sua eficiência óptima em termos de velocidade do vento. Quando se compara a velocidade da turbina de outras concepções, a turbina eólica nua apresenta o desempenho mais fraco. Além disso, a conceção do difusor de curvatura foi menos eficaz do que a conceção I^2NS^2F, mas oferece uma vantagem significativa em relação às turbinas eólicas nuas. Considerando o vento de entrada, o modelo I^2NS^2F mencionado acima é altamente viável para um ambiente com menor circulação de ar. Em comparação com as concepções I^2NS^2F e de curvatura, a conceção de difusor ganhou uma quantidade reduzida de velocidade do vento e é inferior a 25m/s.

Em comparação com a curva, a conceção I^2NS^2F obtém uma velocidade máxima de 53 m/s. Por conseguinte, não é aplicável qualquer velocidade de escape nas duas primeiras concepções. Além disso, o difusor não utiliza um separador na extremidade divergente e assemelha-se a um dispositivo de extremidade aberta. Consequentemente, a região de escape não é aplicável nestes modelos. Em vez disso, a conceção I^2NS^2F e a conceção em curva contêm um separador concebido na extremidade do difusor com um orifício retangular afinado para evacuar a quantidade residual de vento neste segmento. A Tabela 5.1 mostra as velocidades de entrada, saída (ganho) e saída dos diferentes sistemas.

Tabela 5.1 Resultado do MATLAB Simulink para diferentes concepções do sistema

S. Não.	Desenhos	Vento de entrada velocidade	Ganhou vento velocidade	Vento de saída velocidade

1.	Conceção de turbinas eólicas nuas	5,5 m/s	0,8 m/s	-
2.	Projeto de turbina eólica de difusor	5,5 m/s	24m/s	-
3.	Design de difusor em curva com funil de entrada e design de ventilador natural	5,5 m/s	50m/s	8,2 m/s
4.	Conceção I^2NS^2F	5,5 m/s	53m/s	13,5 m/s

5.2.2 Estudos numéricos com a ferramenta Ansys

Neste estudo, é utilizada a ferramenta Ansys Fluent, uma ferramenta de abordagem FVM, para resolver a distribuição da pressão e da velocidade. Além disso, o CFX utiliza a técnica centrada em vértices. O Fluent emprega técnicas centradas em células, que têm mais DOF mas poucos fluxos por unidade de tempo. As equações de continuidade e momento médias no tempo são consideradas equações governantes. O modelo de turbulência k-ε proposto por Launder e Spalding é para número de Reynolds elevado e viscosidade molecular desprezível, e o modelo k-ω proposto por Wilcox é para menor compressibilidade e número de Reynolds e espalhamento do fluxo de cisalhamento (Aresti *et al.* 2013). Com base na física do fluxo, o modelo de turbulência RANS SST K-ω foi usado neste estudo (Kosasih & Hudin 2016, Amiri *et al.* 2019, Sogukpinar 2020, Mirfazli *et al.* 2019, Alanis *et al.* 2021). Como esse modelo resolve a velocidade perto da zona da parede e da região distante, que é um híbrido do modelo de turbulência k-ω e k-ε , ele também prevê a capacidade das propriedades aerodinâmicas, como separação da camada limite e queda de pressão. Além disso, ao incluir os efeitos de transporte na formulação da viscosidade de Foucault, este modelo tem em conta o trânsito da energia cinética da turbulência e estima com precisão o início e a extensão da separação do fluxo sob gradientes de pressão prejudiciais.

Esta secção simula o resultado optimizado com a sua dimensão perfeita utilizando a ferramenta Ansys. Aqui, o desenho final é modelado na ferramenta CAD SolidWorks e o ficheiro é guardado no formato Parasolid (X_T). No Ansys Workbench, o desenho retilíneo dado é construído de uma forma possível para preparar a geometria e a geração da malha.

5.2.2.1 Algoritmo do Ansys Fluent

O algoritmo CFD do Ansys Fluent compreende três fases fundamentais: pré-processamento, processamento e pós-processamento, cada uma desempenhando um papel crucial na obtenção de resultados de simulação precisos. A fase de pré-processamento estabelece o domínio computacional, definindo a geometria, especificando as condições de fronteira e gerando malhas. Este passo estabelece a base para simulações fiáveis em , assegurando que o domínio é discretizado de forma adequada. A fase de processamento é o núcleo da simulação, na qual as equações que regem o fluxo de fluidos são resolvidas iterativamente. O Ansys Fluent usa abordagens avançadas de modelagem de turbulência, como o modelo de turbulência K-ω , para representar com precisão a dinâmica do fluxo turbulento e melhorar a autenticidade da simulação. Além disso, os testes de sensibilidade são normalmente efectuados durante o processamento para explorar o impacto da modificação dos parâmetros do modelo, como a densidade da malha, as condições de fronteira, os coeficientes do modelo de turbulência e as definições do solucionador nos resultados da simulação. Finalmente, na fase de pós-processamento, os resultados da simulação são analisados e apresentados para extrair detalhes essenciais. Isto inclui a construção de gráficos de contorno, vectores de velocidade e visualizações de linhas de fluxo para avaliar os fenómenos de escoamento.

5.2.2. Pré-processador do Ansys Fluent

Neste caso, o ar foi modelado como um gás ideal à temperatura ambiente. É uma ferramenta essencial para discretizar o domínio computacional. É delicada e suave em várias regiões afastadas da conduta. Um tamanho de malha apropriado é escolhido durante a simulação usando o método de dimensionamento de bordas. Foi utilizado um tamanho de malha adequado para captar as principais caraterísticas do projeto e as regiões de velocidade que mudam rapidamente. A malha da camada de insuflação também foi aplicada para capturar com precisão a região da camada limite e prever as regiões de separação ou reatamento. Nesta análise, foi utilizada uma camada de inflação de transição suave.

São criadas grelhas tetraédricas não estruturadas de três nós de quantidade para o modelo. Todos os parâmetros para as três simulações são mantidos constantes, e o cálculo é executado. Devido à pouca variação nos resultados quando a densidade dos nós é aumentada, a simulação atual utiliza aproximadamente 1,8 milhões de tamanhos de grelha com base num estudo de independência da grelha para limitar o tempo de cálculo.

As condições de fronteira são definidas para refletir as condições do projeto. Os contornos de velocidade e pressão são determinados utilizando a velocidade de entrada do fluxo de vento de 5,5 m/s. A velocidade do vento de entrada de 1,375 m/s é aplicada nas quatro direcções da tremonha de entrada. A pressão ambiente é considerada na tremonha de entrada e no separador de saída devido às condições ambientais habituais; a turbulência média (5%) é considerada devido ao fluxo de baixa velocidade do vento. A várias velocidades do túnel de vento, a intensidade da turbulência na parte da garganta da conduta deve ser inferior a 10%, o que aumentará substancialmente a potência de saída da turbina eólica. O funcionamento da turbina eólica montada na secção da garganta também não é afetado por esta gama de intensidade de turbulência (Bardal & Saetran 2017).

Foi utilizado um solucionador baseado na pressão devido à sua adaptabilidade a uma vasta gama de fases de escoamento, menor memória de armazenamento e flexibilidade na técnica de solução. Os resíduos para a continuidade e as velocidades x, y e z devem ser realizados até ao limite de convergência da solução baseada na pressão de 1e-6.

A análise em estado estacionário foi efectuada devido ao volume limitado de dados a processar e ao menor número de cálculos. O procedimento acima referido é repetido para várias velocidades de entrada, tais como 5,5 m/s até 9,5 m/s num intervalo de 0,5 m/s, e é obtida a solução convergente. Em seguida, a simulação é efectuada até à convergência do resultado.

O rotor duplo é considerado um modelo de ventilador no Fluent. O modelo de ventilador permite aplicar o termo fonte na equação de momento especificando um salto de pressão na superfície que representa o rotor. Foi utilizado um referencial rotativo para a região em torno do rotor com uma velocidade de rotação igual à velocidade do vento em funcionamento da turbina.

5.2.2. Contornos do pós-processador do Ansys Fluent

O aumento do comprimento da parede do difusor leva a um aumento da velocidade do vento. Para o efeito, a configuração do difusor é aumentada para quase 6679 mm. Mais especificamente, a melhoria da secção da garganta atinge a velocidade máxima através do aumento do comprimento e do caudal mássico de entrada.
As Figuras 5.14, 5.15 e 5.16 ilustram os resultados da variação da velocidade do vento, da velocidade da área da turbina e da distribuição da pressão. Os contornos acima são avaliados usando a velocidade do fluxo de vento de entrada de 5,5 m/s. A tremonha de entrada recebe uma velocidade do vento de entrada de 1,375 m/s nas quatro direcções. O resultado da simulação do projeto I^2NS^2F especifica a velocidade máxima do vento de 52,5 m/s, como se mostra na Figura 5.14. A separação da camada limite do fluxo de fluido no ventilador natural da

turbina e na zona de risco a esta velocidade é menor, fazendo com que a perda de energia seja insignificante. Assim, a energia disponível é utilizada para fazer funcionar a turbina. Na secção inicial da tremonha, o vento de entrada é praticamente muito baixo. No entanto, à medida que avança para a secção convergente seguinte, melhora drasticamente e aproxima-se de uma velocidade de aproximadamente 32,6 m/s. Finalmente, o vento atinge a zona da turbina; a velocidade do vento excede o valor máximo e depois reduz na secção divergente. O resultado da simulação da velocidade na zona da turbina é apresentado na Figura 5.15. A velocidade do vento atinge 52,5m/s, com uma velocidade de saída de 28,5m/s. Esta velocidade melhorada deve manter a turbina a funcionar melhor num ambiente de pouco vento. É causada pelas suas dimensões geométricas optimizadas e pela disposição dos componentes. Neste caso, a turbina obtém uma velocidade de saída melhorada de 52,5 m/s, considerada como o melhor valor ótimo de um design de difusor reto. Esta melhoria é causada por uma disposição mais compacta da área de saída convergente. Quanto menor for o diâmetro da convergência, maior será a velocidade do vento, pelo que se extrai mais energia, evitando a perda de energia cinética. Como resultado, poucos fluidos que fluem da parte traseira da turbina são exauridos e escapam através dos orifícios do divisor. Aqui, 28,5 m/s de velocidade de saída é escapado da extremidade divergente.

Existe uma queda de pressão na tremonha de entrada, nas secções convergente, de risco e divergente. A secção de risco regula a velocidade do vento, o que resulta em quedas de pressão na extremidade. A convergência começa a mover o fluido de uma área maior para uma mais estreita. Para acelerar a velocidade do ar, este sistema obedece às leis de conservação da massa. Como resultado, a turbina roda mais depressa para aumentar a velocidade do fluido, reduzindo a pressão. A pressão ambiente entra na tremonha de admissão a 111544Pa devido às condições ambientais habituais e desce gradualmente para 97030Pa na parte de trás da turbina eólica, como se mostra na Figura 5.16. O aumento da velocidade deve-se à redução da pressão devido à separação considerável do fluxo sobre o bordo de fuga do rotor, à rotação da esteira e ao fluxo de fluido imposto. Foi encontrada uma pressão mínima de 97030Pa na parte de trás da turbina. A queda de pressão verificou-se gradualmente desde a tremonha de admissão até à extremidade do difusor.

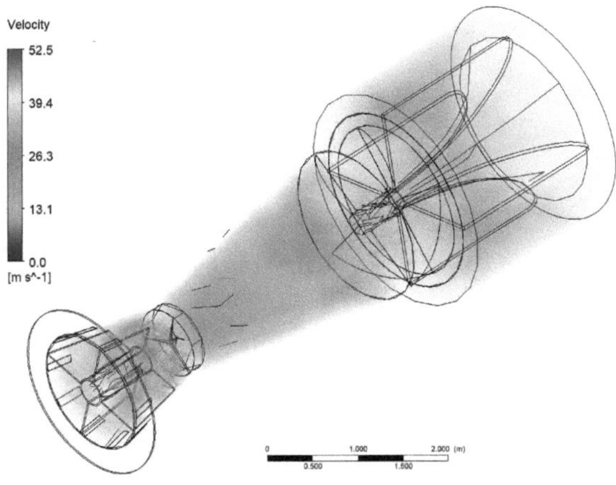

Figura 5.14 Variação da velocidade da conceção I^2NS^2F

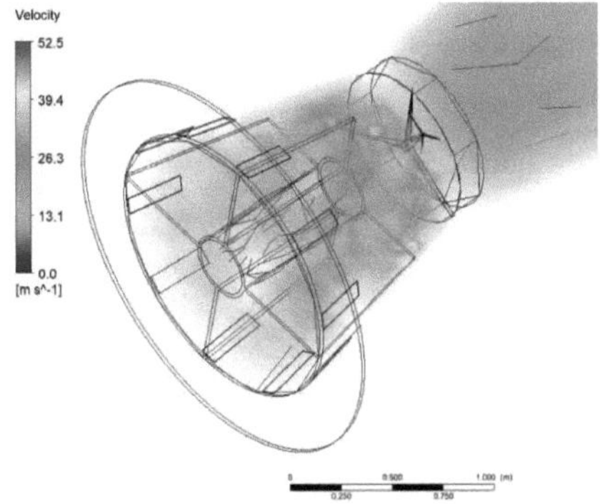

Figura 5.15 Contorno de velocidade na zona da turbina da conceção I^2NS^2F

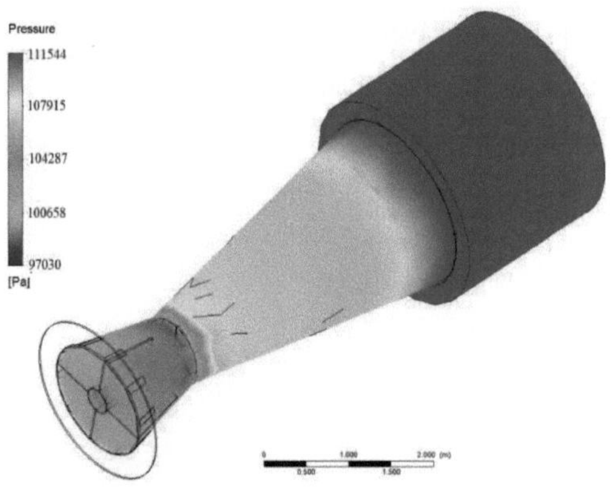

Figura 5.16 Distribuição da pressão na conceção I^2NS^2F

Em comparação com outras concepções, a conceção I^2NS^2F atinge a velocidade máxima numa entrada de vento menor, e foi validada na simulação numérica CFD utilizando o programa Standard Ansys. A variação da velocidade ao longo da distância linear do percurso do fluxo de vento do projeto I^2NS^2F proposto, sob a forma de um gráfico de barras, é apresentada na Figura 5.17. A velocidade máxima do vento que ocorre é de 52,5 m/s, onde o rotor da turbina é instalado e diminui gradualmente até o final do sistema. A maior queda de pressão é encontrada na secção de risco do sistema de turbinas eólicas devido à menor razão de área e à saída do sistema devido às condições atmosféricas no final do percurso do fluxo. De acordo com o princípio de Bernoulli e a equação da continuidade, esta queda de pressão permite que a velocidade do caudal aumente à medida que passa por esta zona. Além disso, ocorreu uma queda de pressão atrás da flange final deste projeto devido à geração de vórtices. O gráfico de barras de distribuição de pressão para a conceção I^2NS^2F sugerida é apresentado na Figura 5.18.

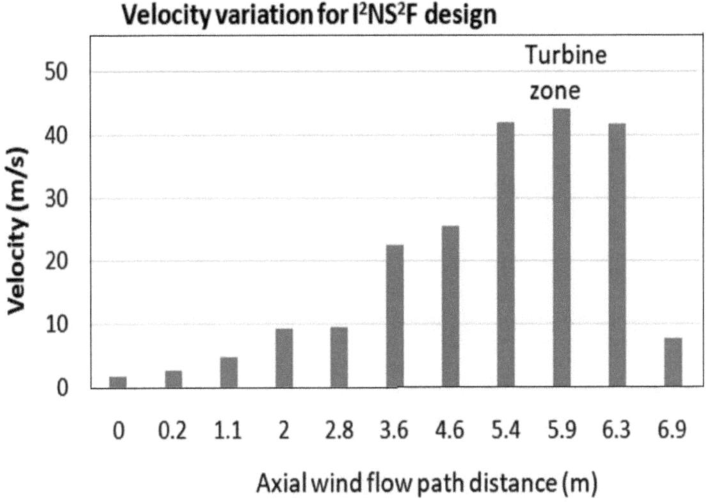

Figura 5.17 Variação da velocidade da conceção I^2NS^2F ao longo do percurso de escoamento

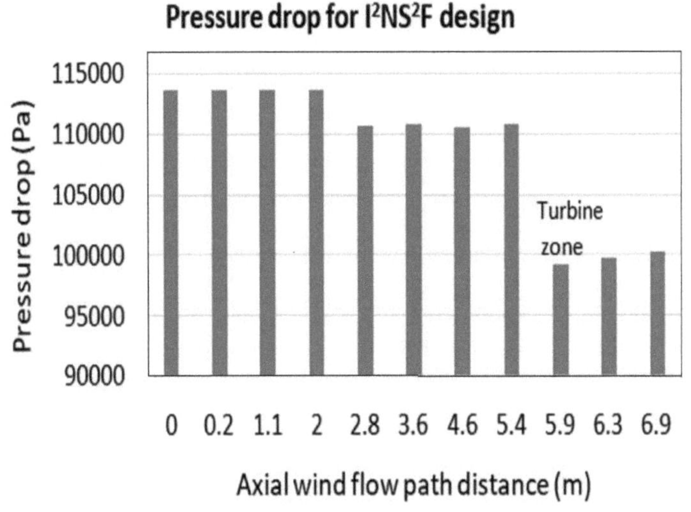

Figura 5.18 Queda de pressão ao longo da distância do fluxo de vento axial para a conceção I^2NS^2F

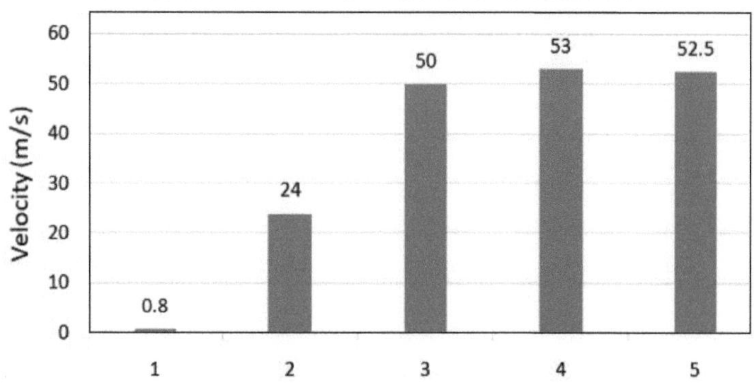

Figura 5.19 Comparação da velocidade de saída no MATLAB Simulink e na ferramenta Ansys Fluent

Finalmente, os resultados numéricos e analíticos são investigados comparativamente, e o resultado é mostrado na Figura 5.19, que ilustra o resultado do projeto I^2NS^2F no MATLAB Simulink e na ferramenta Ansys. Utiliza 5,5 m/s de vento de entrada para atingir uma velocidade máxima de 53 m/s e 52,5 m/s na instalação do rotor da turbina, como resultado no MATLAB Simulink e na ferramenta Ansys Fluent, respetivamente. Ao concluir a investigação com a sua dimensão optimizada perfeita, ambas as metodologias produzem 87,07% de resultados equivalentes. Com base neste resultado, é possível concluir que o projeto I^2NS^2F é mais adequado para zonas de classe de vento fraco 3 e 4 (classe de vento IEC). A Tabela 5.2 mostra a classe de vento e a velocidade do vento a serem consideradas no projeto da turbina eólica.

Tabela 5.2 Classe de vento IEC e velocidade do vento

Classe de vento / Velocidade do vento	1 (Vento forte)	2 (Vento médio)	3 (Vento fraco)	4 (Vento muito fraco)
Velocidade do vento de referência	50m/s	42,5 m/s	37,5 m/s	30m/s
Velocidade média anual do vento (máxima)	10m/s	8,5 m/s	7,5 m/s	6m/s

5.2.3 Verificação da coerência do projeto

A velocidade de entrada do vento de corrente livre foi fixada em 5m/s, 5,5m/s e 6m/s para o projeto I^2NS^2F. A velocidade aumentada correspondente em vários locais críticos foi tomada para avaliar a consistência do projeto no Ansys.
A velocidade ao longo do percurso do escoamento para várias velocidades de entrada é mostrada na Figura 5.20. Além disso, este projeto aumentou a velocidade do vento no local de entrada da turbina de 4,6 m/s, classificado como vento muito fraco, para 22,2 m/s.

O aumento da velocidade está de acordo com a área da secção transversal do projeto proposto, representado na Figura 5.21. O gráfico de queda de pressão traçado para várias velocidades de entrada do vento de fluxo livre de 5m/s, 5,5m/s e 6m/s é revelado na Figura 5.22. A diferença na área da secção transversal causa a diferença de pressão em cada região.

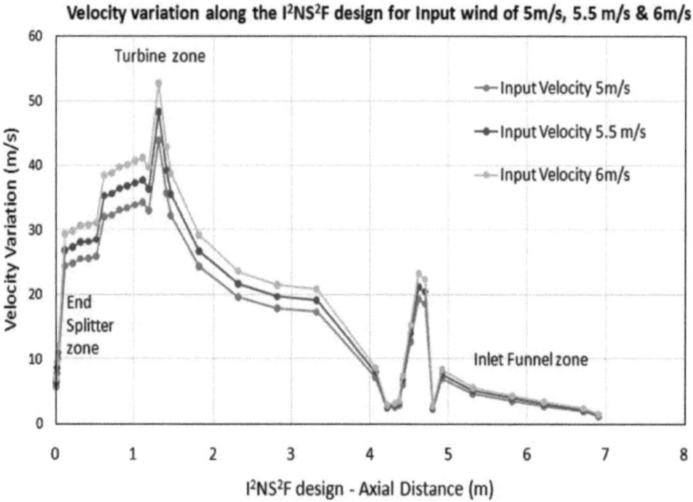

Figura 5.20 Variações da velocidade para a conceção I^2NS^2F para a velocidade do vento de entrada de 5m/s, 5,5m/s e 6m/s

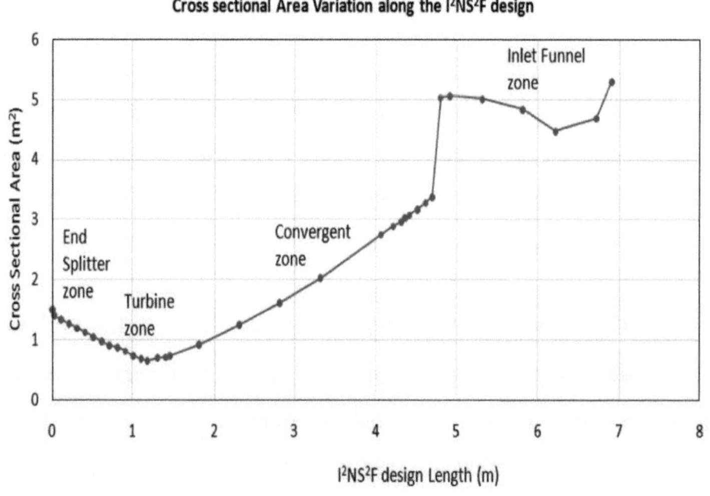

Figura 5.21 Variação da secção transversal ao longo do comprimento axial

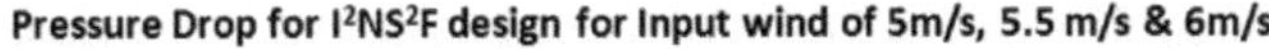

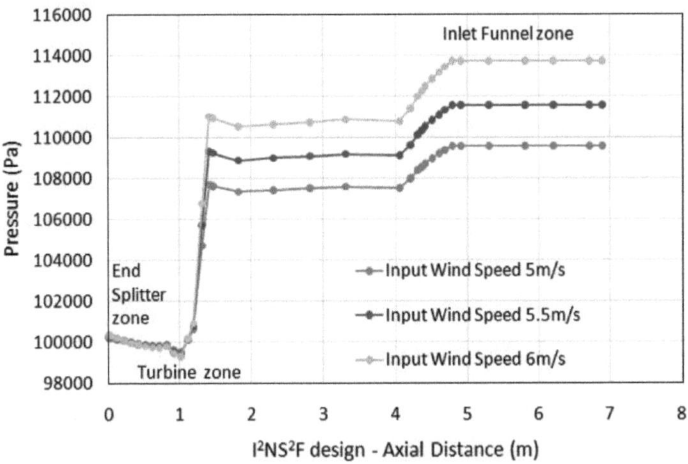

Figura 5.22 Queda de pressão para a conceção I^2NS^2F para a velocidade do vento de entrada de 5m/s, 5,5m/s e 6m/s

5.2.4 Estimativa de potência

A produção de energia das turbinas eólicas pode ser melhorada melhorando o caudal mássico e a queda de pressão através da turbina. Neste projeto I^2NS^2F, ambas as regras são capturadas eficientemente para atingir a taxa de potência máxima de 1917W para a velocidade do vento de 5,5m/s na zona de instalação da turbina, considerandoE_w =50%, E_T =40%, e E_G =65%. No entanto, em geral, a produtividade da energia eólica é reduzida devido a perdas como as perdas de perfil, as perdas de extremidade, as perdas de turbilhão, as perdas do número de pás, as perdas por fricção nas engrenagens e as perdas de resistência eléctrica no alternador, entre outras, e é estimada da seguinte forma (Çetin *et al.* 2005, Ragheb & Ragheb 2011).

$$p = \frac{1}{2}\rho \times A \times E_W \times E_T \times E_G \times v^3 \tag{5.1}$$

em que a potência eólica é representada por p , a densidade do vento é definida como ρ , a área varrida é indicada como A , as perdas por turbilhonamento como E_W , a classificação da eficiência da turbina como E_T , a classificação da eficiência do gerador é definida como E_G e a velocidade do vento é definida como v . A produção de energia eólica ao longo das várias localizações do projeto I^2NS^2F está representada na Figura 5.23 para várias velocidades de entrada do vento de fluxo livre de 5m/s, 5,5m/s e 6m/s.

O sistema I^2NS^2F pode ser montado mesmo em zonas de classe de vento 3 e 4 (classe de vento IEC), onde a velocidade média do vento é de 7,5 m/s e 6 m/s, respetivamente, podendo produzir substancialmente mais energia do que as turbinas eólicas convencionais.

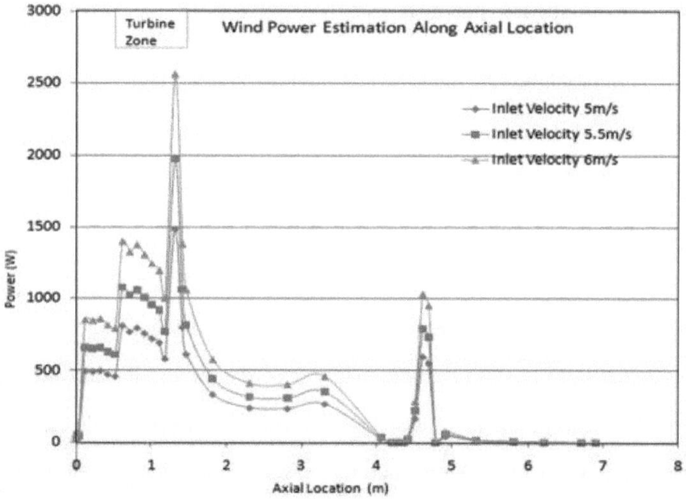

Figura 5.23 Produção de energia eólica na conceção I^2NS^2F para as várias velocidades do vento de entrada

5.2.5 Comparação dos resultados com estudos anteriores

O rácio de velocidade para a conceção I^2NS^2F pode ser estimado pela equação de continuidade nos terminais de entrada e venturi. Assim, o rácio de velocidade é expresso como,

$$SR = \frac{V_{inlet}}{V_{venturi}} \quad (5.2)$$

$$SR = \frac{4 \times D_{in} \times H_{in}}{\pi \times {D_{ve}}^2} \quad (5.3)$$

em que o diâmetro da entrada de vento, a altura das palhetas-guia e o diâmetro do Venturi são representados porD_{in}, H_{in} and D_{ve} , respetivamente.

O desempenho de vários projetos baseados em dutos foi examinado usando análise computacional e experimentação. Gohar *et al.* (2019) avaliaram uma turbina eólica multiestágio INVELOX com um modelo de ventilador de hélice, que produziu velocidades de vento variando de 10,4m/s a 45,5m/s. Akour & Bataineh (2019) investigaram um sistema Wind Funnel Concentrator, obtendo velocidades de vento simuladas e experimentais de 4,7m/s a 17,12m/s e 10,87m/s, respetivamente, com um erro relativo de 39%. Nallapaneni *et al.* (2015) testaram um dispositivo de recolha de energia eólica baseado num funil num túnel de vento, medindo velocidades de vento que variaram entre 7,8m/s e 20,7m/s. Ding & Guo (2020) forneceram o modelo de escudo de vento INVELOX, aumentando as velocidades do vento de 6,7m/s para 15,6m/s. Thangavelu *et al.* (2020) estudaram um DAWT com um separador de extremidades, relatando velocidades de vento entre 4 e 8,6 m/s e um SR de 2,2. Anbarsooz *et al.* (2019) investigaram um modelo INVELOX com um novo design de cortina, atingindo velocidades de vento que variam de 6,7 a 13,1 m/s e um SR de 1,95. Por último, Yuji Ohyaa *et al.* (2008) realizaram ensaios no terreno num protótipo de turbina eólica com uma cobertura de difusor flangeada e obtiveram um SR que varia entre 1,6 e 2,4. Estes estudos diversificados fornecem informações úteis sobre o desempenho dos sistemas de turbinas eólicas com condutas numa variedade de configurações e circunstâncias de funcionamento. As investigações sobre a conceção baseada em condutas, a velocidade do vento à entrada e a velocidade do vento à saída foram resumidas na Tabela 5.3.

Tabela 5.3 Lista de estudos existentes sobre o sistema de turbinas eólicas INVELOX

S. Não	Conceção	Vento de entrada Velocidade	Vento na garganta Velocidade	Detalhes da publicação
1.	INVELOX Turbina eólica de múltiplos estágios com ventilador de hélice modelo	10,4 m/s	45,5 m/s	Gohar *et al.* (2019)
2.	Sistema concentrador de funil de vento	4,7 m/s	17,12m/s (Simulação) 10,87m/s (Experiências) Erro relativo 39%	Akour & Bataineh (2019)
3.	Ensaio em túnel de vento baseado num funil Sistema de captação de energia	7,8 m/s	20,7 m/s	Nallapaneni *et al.* (2015)
4.	Modelo melhorado do para-brisas INVELOX	6,7 m/s	15,6 m/s	Ding & Guo (2020)
5.	DAWT com divisor de extremidades	4m/s	8,6 m/s (SR=2,2)	Thangavelu *et al.* (2020)
6.	INVELOX com o novo design de cortina	6,7 m/s	13,1 m/s (SR=1,95)	Anbarsooz *et al.* (2019).
7.	Ensaio no terreno de um protótipo de turbina eólica com uma		SR = 1,6-2,4	Yuji Ohyaa *et al.* (2008)

	cobertura difusora flangeada			

5. PREVISÃO DE VELOCIDADE E POTÊNCIA UTILIZANDO A APRENDIZAGEM PROFUNDA (DL)

A metodologia DL prevê a velocidade do vento e a previsão da potência para vários fluxos de vento de entrada. Este modelo de DL trabalha principalmente no processamento de dados, no desenvolvimento do modelo de previsão e no treino e estimativa do modelo de previsão, como o algoritmo ANN, LSTM e CNN (Nielson *et al.* 2020, Zhu *et al.* 2021). Pode ser desenvolvido um quadro de modelo de previsão de aprendizagem automática em programação Python para estimar a velocidade e a energia do vento (Aliva *et al.* 2020).

Esta secção apresenta os resultados da previsão da velocidade do vento e do cálculo da potência eólica para a turbina eólica I^2NS^2F. O MFBW-LSTM efectua a previsão da velocidade do vento. O Python 3.8.11 é utilizado para desenvolver o programa de implementação no processo experimental com a configuração do sistema do processador intel core i39th generation, 8GB de RAM e velocidade de CPU de 3,6GHz. A secção seguinte discute e analisa os resultados da previsão da velocidade do vento e da produção de energia eólica (Bekir & Resat 2019).

5.3.1 Previsão da velocidade do vento e cálculo da potência

Durante o processo de implementação, é desenvolvida uma GUI em programação Python para o modelo DL proposto, que inclui uma barra de entrada para obter os resultados com base no respetivo valor de entrada. A saída da GUI da velocidade e potência do vento para uma velocidade de entrada de 5,5 m/s é ilustrada na Figura 5.24. Este modelo proposto pode aceitar valores de entrada que vão de zero a 53 m/s. Também lista os valores de velocidade, etiqueta e potência com base no valor de entrada. Os detalhes dos planos para várias secções transversais do sistema de turbinas são apresentados na Tabela 5.4 e a sua localização no projeto é mostrada na Figura 5.25. (Alguns planos estão ocultos para melhor visibilidade).

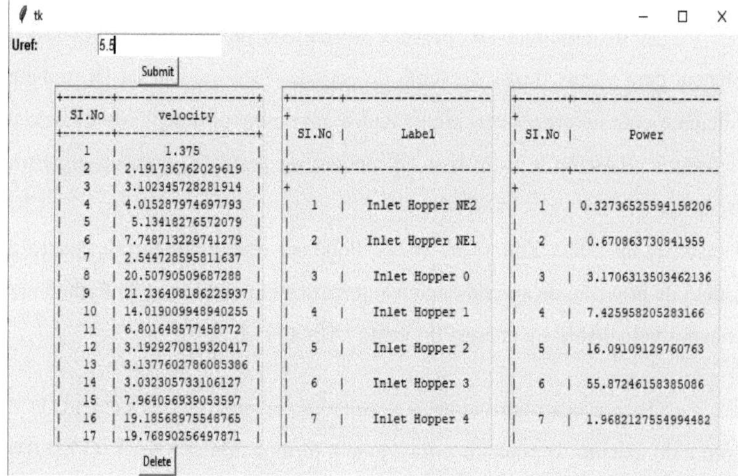

Figura 5.24 GUI do software de aplicação desenvolvido para a metodologia proposta

Tabela 5.4 Lista de etiquetas de plano da conceção I^2NS^2F

Label No	Label	Label No	Label	Label No	Label
1	Inlet Hopper NE2	14	Natural Fan exit	27	Divergent 5
2	Inlet Hopper NE1	15	Converge 1	28	Exit splitter 1
3	Inlet Hopper 0	16	Converge 2	29	Exit splitter 2
4	Inlet Hopper 1	17	Converge 3	30	Exit splitter 3
5	Inlet Hopper 2	18	Converge 4	31	Exit splitter 4
6	Inlet Hopper 3	19	Converge 4.1	32	Exit splitter 5
7	Inlet Hopper 4	20	Converge 5	33	Exit split hole 1
8	Natural Fan 0.29m	21	Converge 6	34	Exit split hole 2
9	Natural Fan	22	Turbine entry	35	Exit split hole 3
10	Natural Fan 4 0.27m	23	Turbine exit	36	Exit split flange 1
11	Natural Fan 1 0.26m	24	Divergent 1	37	Exit split flange 2
12	Natural Fan 3 0.255	25	Divergent 2		-----
13	Natural Fan 2 0.25m	26	Divergent 3		------

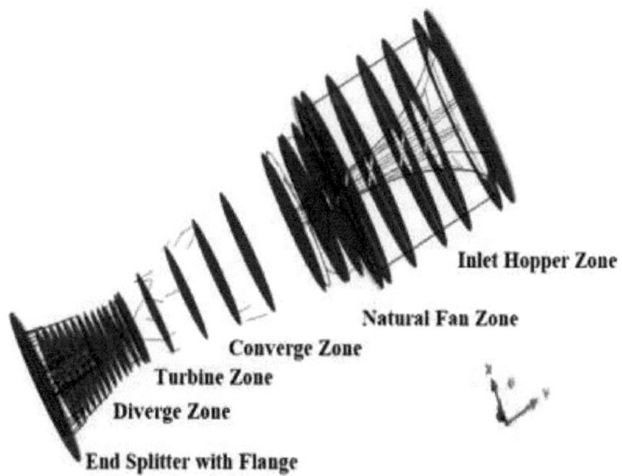

Figura 5.25 Localização do plano no contorno da velocidade da análise do escoamento

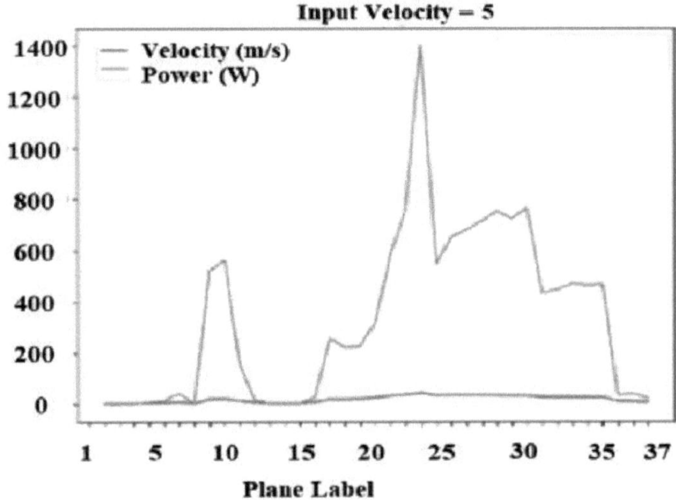

Figura 5.26 Variação da potência e da velocidade nas etiquetas planas para uma velocidade de entrada de 5 m/s

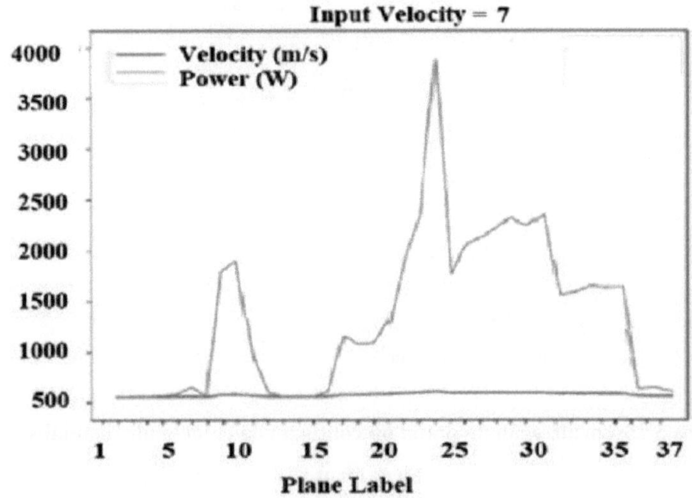

Figura 5.27 Variação da potência e da velocidade para uma velocidade de entrada de 7 m/s

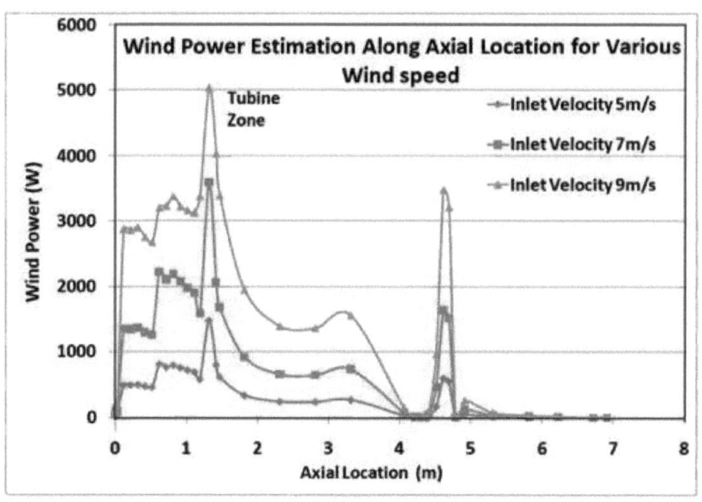

Figura 5.28 Produção de energia eólica para as várias velocidades do vento de entrada

Os gráficos acima (Figuras 5.26 e 5.27) ilustram a flutuação da potência e da velocidade para valores de velocidade de entrada de 5m/s e 7m/s. Aqui, o eixo eixo x indica o comprimento axial do difusor, indicado pela etiqueta apresentada na Tabela 5.4, enquanto o eixo y indica os valores de potência e de velocidade. A variação da potência e da velocidade é representada a laranja e a azul, respetivamente.

A geração de energia eólica ao longo das várias localizações axiais do projeto I^2NS^2F para 5m/s, 7m/s e 9m/s é apresentada na Figura 5.28. Estes gráficos provam que os valores de potência e de velocidade são mais elevados na zona de entrada da turbina. Além disso, a avaliação do desempenho também foi efectuada para validar a precisão e os níveis de erro do modelo DL proposto.

5.3.2 Avaliação do desempenho

O MFBW-LSTM proposto é validado utilizando métricas de desempenho como a exatidão, a perda, o MAE, o MAPE, o MSE e o RMSE (Haowang
et al. 2020). As fórmulas utilizadas para avaliar estas métricas de desempenho são apresentadas de seguida,

$$\text{Accuracy} = \frac{\text{True Positive (TP)} + \text{True Negative (TN)}}{\text{Total Samples}} \tag{5.4}$$

$$\text{MSE} = \frac{1}{n}\sum_{t=1}^{n}(y_t - \tilde{y}_t)^2 \tag{5.5}$$

$$\text{MAE} = \frac{1}{n}\sum_{t=1}^{N}|y_t - \tilde{y}_t| \tag{5,6}$$

$$\text{RMSE} = \sqrt{\frac{1}{n}\sum_{t=1}^{N}(y_t - \tilde{y}_t)^2} \tag{5.7}$$

$$\text{MAPE} = \frac{100\%}{n}\sum_{t=1}^{n}\left|\frac{y_t - \tilde{y}_t}{y_t}\right| \tag{5,8}$$

Onde,

TP =>Modelo prevê corretamente a presença de uma condição ou classe positiva,

TN =>O modelo prevê corretamente a ausência de uma condição ou classe negativa,

n => Número de amostras colhidas,

y_t=> Velocidade do vento medida,

$\tilde{y}_t$=> Velocidade do vento prevista.

A exatidão adquirida, o MAE, o MAPE, o MSE e o RMSE para o MFBW-LSTM proposto são apresentados na Tabela 5.5. O valor da época é definido como 100 para o processo de implementação.

Tabela 5.5 Resultados da análise de métricas de desempenho para as técnicas MFBW-LSTM DL implementadas propostas

S. Não	Métricas de desempenho	Descrição	Representação gráfica
1	Exatidão	Avalia o desempenho adicionando a soma das previsões positivas e negativas. Precisão= 95,34%, na 100ª época.	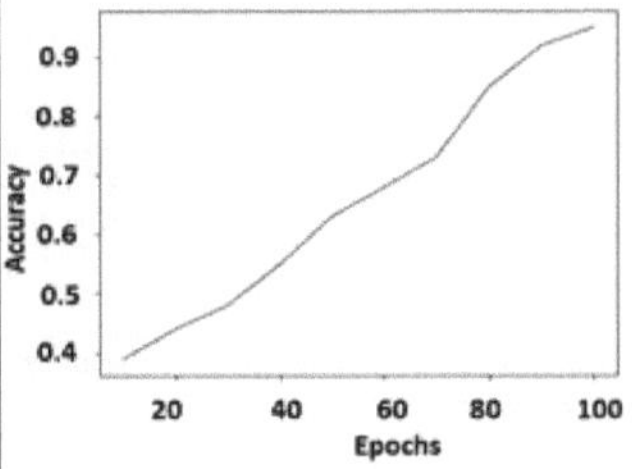
2	MAE	É definida como a diferença média entre os valores obtidos e os valores reais. MAE= 26,08% em 100th epoch.	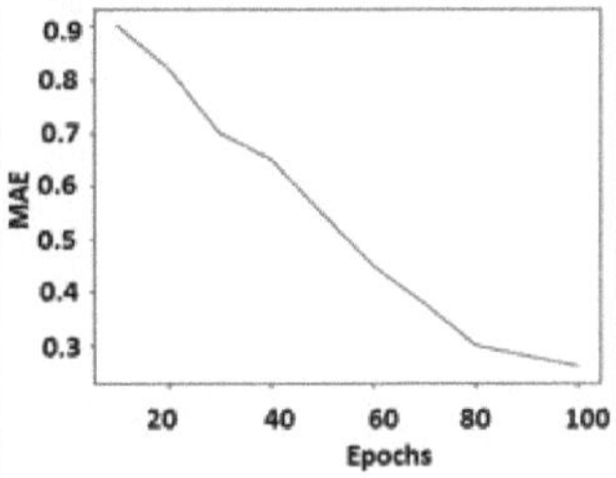

Quadro 5.5 (continuação)

S. Não	Métricas de desempenho	Descrição	Representação gráfica
3	MAPE	É o método de algoritmo utilizado na aprendizagem automática para medir a precisão dos dados estatísticos num determinado conjunto de dados. MAPE= 28,22% na época 100th.	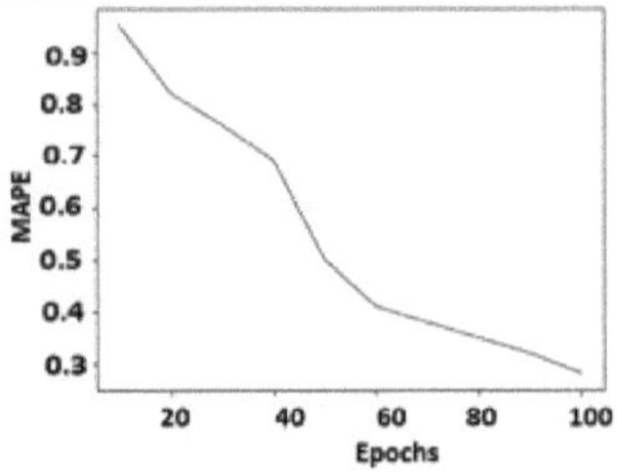

4	MSE	Indica a proximidade dos pontos de dados em relação às linhas ajustadas e é uma medida definida da diferença entre os valores efectivos e previstos, seguida do processo de quadratura e a média é obtida para todo o conjunto de dados. MSE = 22,11%. à100thepoch.	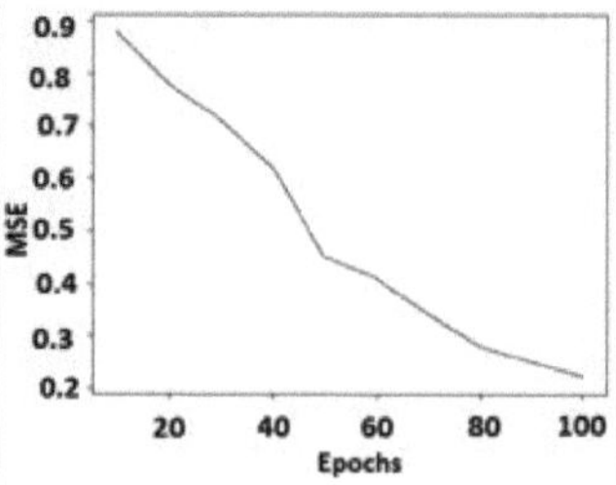
5.	RMSE	Mede o ajuste absoluto do modelo aos dados e é o desvio padrão dos resíduos. RMSE= 18,09% a 100thepoch.	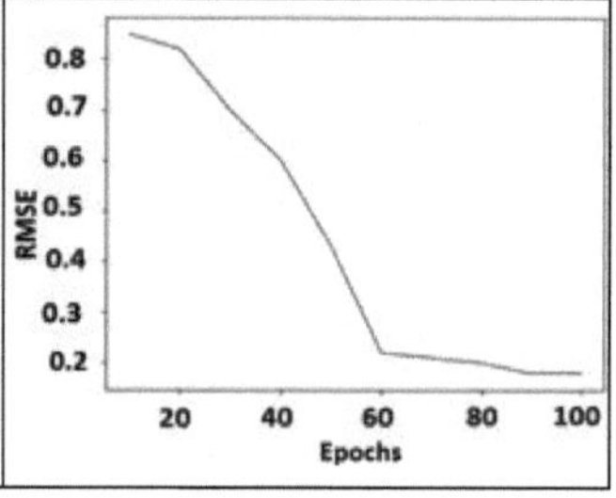

Finalmente, o modelo DL MFBW-LSTM sugerido apresenta um desempenho superior em termos de métricas de desempenho, incluindo exatidão, MAE, MAPE, MSE e RMSE. Por conseguinte, o modelo DL proposto pode prever eficazmente a velocidade do vento de turbinas eólicas I^2NS^2F.

5.3.3 Análise comparativa

Esta secção apresenta uma análise comparativa entre o MFBW-LSTM, o LSTM, o BW-LSTM e o MF-LSTM implementados. Os resultados estão resumidos na Figura 5.29 para uma velocidade de entrada de 5,5 m/s. O software de aplicação desenvolvido em Python (Figura 5.29) demonstra a velocidade prevista para LSTM, BW-LSTM, MF-LSTM e MFBW-LSTM. A velocidade prevista no MFBW-LSTM proposto é mais adequada quando comparada com outros modelos como o LSTM, o BW-LSTM e o MF-LSTM. Os valores obtidos para Exatidão, MAE, MAPE, MSE e RMSE para o LSTM, BW-LSTM, MF-LSTM e MFBW-LSTM são apresentados na Tabela 5.6.

Quadro 5.6 Resumo das técnicas implementadas

Técnicas	Exatidão (%)	MAE (%)	MAPE (%)	MSE (%)	RMSE (%)
LSTM	86.59	32.55	34.83	28.24	27.17
BW-LSTM	92.3	27.05	30.98	24.81	21.33
MF-LSTM	92.5	26.97	29.12	24.53	20.96
MFBW-LSTM	95.34	26.08	28.22	22.11	18.09

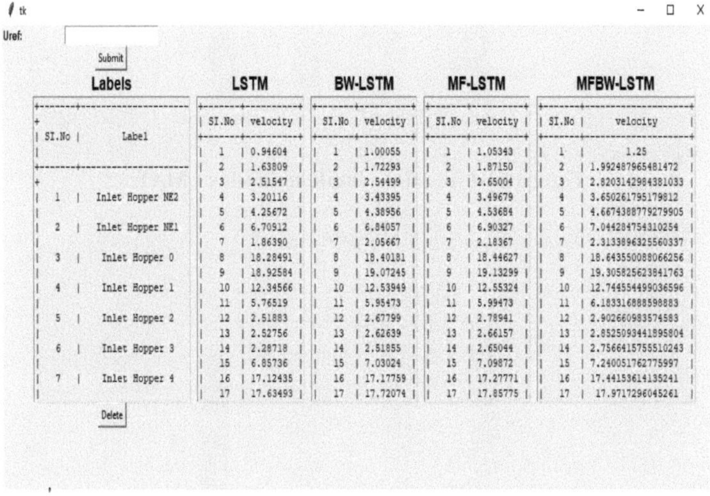

Figura 5.29 GUI do software de aplicação: Velocidade prevista para a análise comparativa

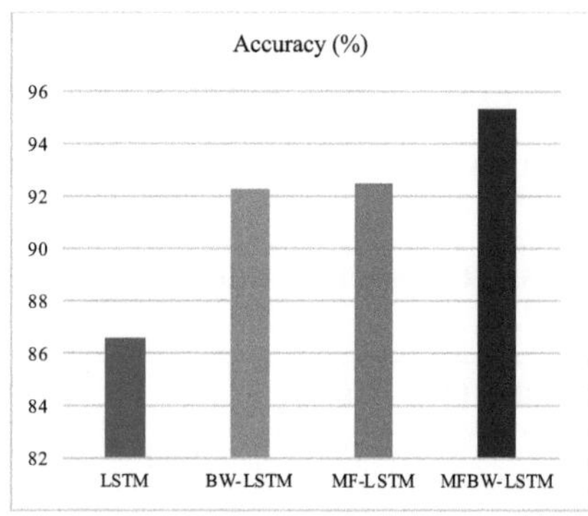

Figura 5.30 Nível de exatidão das técnicas implementadas

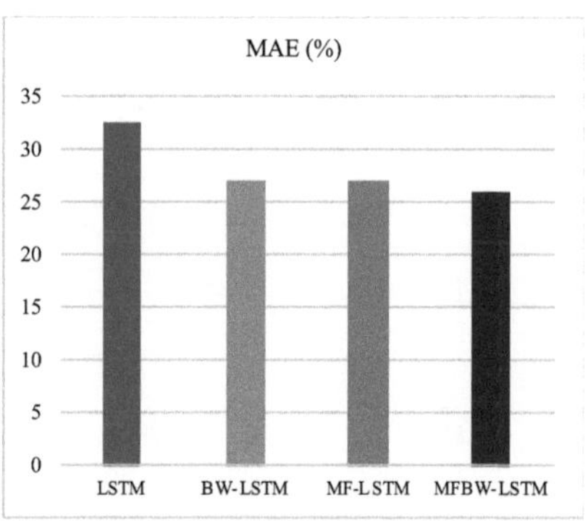

Figura 5.31 Técnicas implementadas - MAE

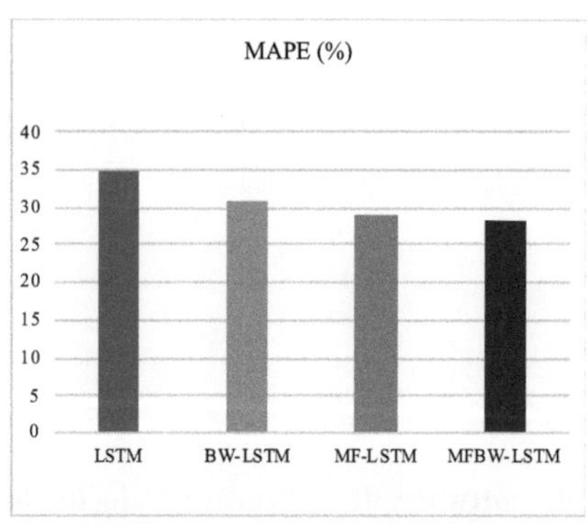

Figura 5.32 Técnicas implementadas - MAPE

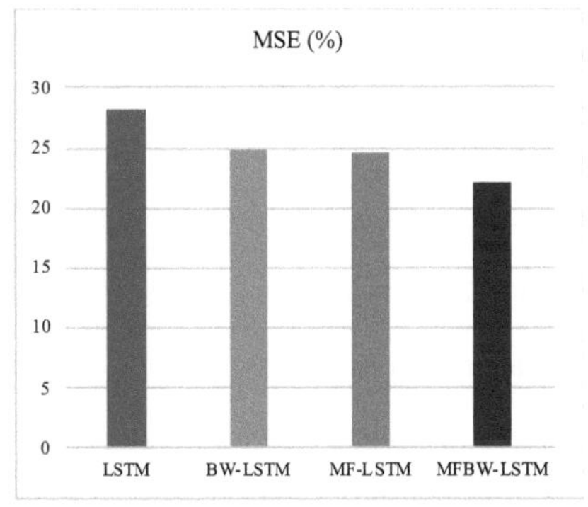

Figura 5.33 Técnicas implementadas - MSE

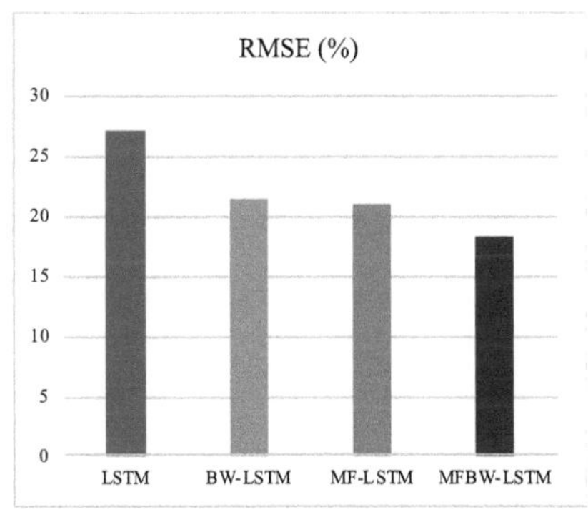

Figura 5.34 Técnicas implementadas - RMSE

O modelo LSTM revelou 86,59, 32,55, 34,83, 28,24 e 27,17% para a exatidão, MAE, MAPE, MSE e RMSE, respetivamente. O modelo BW-LSTM forneceu 92,3, 27,05, 30,98, 24,81 e 21,33% para as métricas de desempenho adquiridas. O modelo MF-LSTM obteve 92,5, 26,97, 29,12, 24,53 e 20,96% para as métricas de desempenho, respetivamente. Para além disso, o modelo MFBW-LSTM proposto obteve 95,34, 26,08, 28,22, 22,11 e 18,09% relativamente à precisão, MAE, MAPE, MSE e RMSE.

As variações obtidas para a exatidão, o MAE, o MAPE, o MSE e o RMSE para as técnicas implementadas estão representadas como um diagrama de barras nas Figuras 5.30, 5.31, 5.32, 5.33 e 5.34, com as técnicas implementadas, tais como LSTM, BW-LSTM, MF-LSTM e MFBW-LSTM, no eixo x e os valores do índice de desempenho no eixo y. A Figura 5.30 prova que a técnica proposta é mais exacta do que as outras. A Figura 5.31 ilustra que o MAE das técnicas propostas atinge um valor inferior quando comparado com as outras técnicas implementadas. O diagrama de barras da Figura 5.32 apresenta o valor mínimo de MAPE para MFBW-LSTM em comparação com as diferentes técnicas. Na Figura 5.33, o modelo proposto apresenta o valor MSE mais baixo em comparação com as outras técnicas. Além disso, a Figura 5.34 revela que o MFBW-LSTM proposto tem o valor RMSE mais baixo em comparação com as outras técnicas, como LSTM, BW-LSTM e MF-LSTM. Finalmente, o modelo MFBW-LSTM sugerido supera as técnicas implementadas em termos de exatidão, MAE, MAPE, MSE e RMSE.

5.4 ANÁLISE EXPERIMENTAL EM TÚNEL DE VENTO

A instalação do túnel de vento pode ser considerada uma configuração experimental onde as caraterísticas do escoamento do fluido do modelo são investigadas e o escoamento do vento é controlado por simulação para aproximar os parâmetros do escoamento real. Os ensaios em túnel de vento são difíceis para modelos à escala real devido ao fabrico, ao tempo de ensaio e aos custos. Por conseguinte, foram efectuados ensaios em túnel de vento com a miniatura dos modelos CAD propostos. O túnel de vento tem uma câmara de ensaio alargada de 300mmX200mmX1000mm para assegurar naturalmente o desenvolvimento de uma camada limite em equilíbrio. As medições de ensaio mostraram que o fluxo é consistente em toda a câmara de ensaio. Além disso, o anemómetro de fio quente é inicialmente colocado no meio da câmara de ensaio, a fim de calibrar o instrumento com o fluxo de vento no túnel de vento. O ar é considerado como um fluxo de vento nesta experiência no túnel. Considera-se que a densidade do fluido é de 1,165 kg/m^3 e a viscosidade cinemática é de 1,8755 x 10^{-5}m^2/s a 30 °C. A lista dos instrumentos utilizados na experiência é apresentada no Quadro 5.7.

Quadro 5.7 Listas de especificações dos instrumentos utilizados na experiência em túnel de vento

S. Não	Instrumento	Detalhes do modelo	Gama de medição	Resolução	Gama de temperaturas
1.	Túnel de vento	WT-1	0 a 35m/s	0,1 m/s	0-50°C
2.	Anemómetro	EQ-TM-4001 (Equinox)	0,5 a 30m/s	0,1 m/s	0-60°C
3.	Tacómetro (Sem contacto)	EQ-HTM-560 (Sistemas)	10 a 3000 rpm	0,1 rpm	0-60°C
4.	VFD (Acionamento de frequência variável)	EMOTRON FlowDrive AC	0,2 a 230V	0.1 V	0-60°C
5.	Termómetro (Montagem na parede)	RCSP	-50 a 300°C	0.1°C	0-60°C

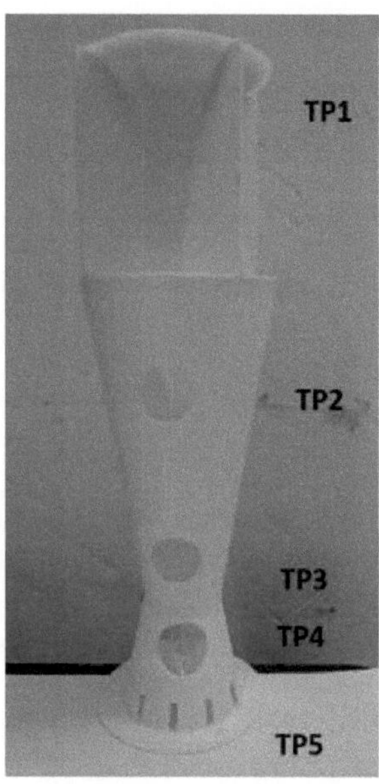

Figura 5.35 Modelo de ensaio em miniatura com portas de ensaio (TP's)

O modelo experimental foi feito através do downscaling do modelo CAD SolidWorks por um fator de 1:32 com base nas instalações disponíveis do túnel de vento subsónico. Em seguida, o modelo de ensaio em miniatura é posicionado no interior do túnel de vento a partir das aberturas laterais e fixado firmemente com a estrutura de suporte fornecida no modelo experimental físico na câmara de ensaio do túnel. Uma vez fixado o modelo físico no interior do túnel, é colocado um anemómetro através das portas de ensaio (TP's) para medir a velocidade. Este modelo em miniatura (secção Convergente-Divisor) tem três portas de teste, nomeadamente a porta após o ventilador natural (TP2), a porta antes do rotor/garganta (TP3) e a porta após o rotor/garganta (TP4), como se mostra na Figura 5.35.

Todas as leituras necessárias, velocidade e temperatura foram anotadas para cada aumento específico de RPM no túnel de vento. Os anemómetros são utilizados para medir a velocidade nas portas de teste TP1, TP2, TP3, TP4 e TP5, juntamente com a velocidade do vento de entrada e saída , como se mostra nas Figuras 5.36, 5.37, 5.38, 5.39 e 5.40. A velocidade medida foi tabulada na Tabela 5.8. A potência eólica correspondente foi estimada e traçada para três velocidades de vento de entrada diferentes, como se mostra na Figura 5.41.

Como resultado, o projeto da turbina I^2NS^2Fwind atingiu uma velocidade do vento na secção venturi de 26m/s para uma velocidade do vento de entrada de 5m/s no túnel de vento. Quando comparada com a simulação numérica, existe uma variação de aproximadamente 37%.

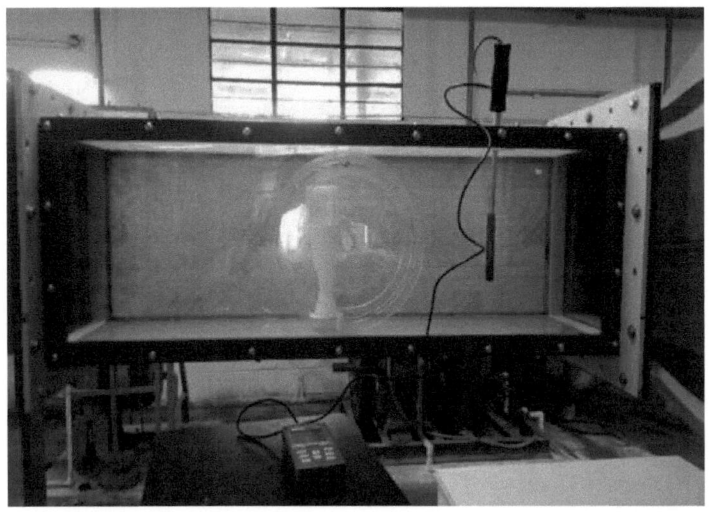

Figura 5.36 Medição da velocidade do vento à entrada na instalação do túnel de vento

Figura 5.37 Velocidade do vento após a medição da ventoinha natural no túnel de vento

Figura 5.38 Velocidade do vento antes da medição do rotor/garganta na instalação do túnel de vento

Figura 5.39 Velocidade do vento após a medição do rotor/garganta na instalação do túnel de vento

Figura 5.40 Medição da velocidade do vento à saída na instalação do túnel de vento

Tabela 5.8 Velocidade do vento em várias secções do modelo físico colocado na secção de ensaio da experiência em túnel de vento

S. Não	Velocidade do vento à entrada (m/s)	Velocidade do vento na tremonha (m/s) (TP1)	Velocidade do vento após o ventilador natural (m/s) (TP2)	Velocidade do vento antes do rotor (m/s) (TP3)	Velocidade do vento depois do rotor (m/s) (TP4)	Velocidade do vento à saída (m/s) (TP5)
1.	5	5	6.5	26	20	3.8
2.	5.5	5.5	7.1	28.1	23	4.3
3.	7	7	8.7	35.3	29	5.5
4.	9	9	13	42	37	6.7

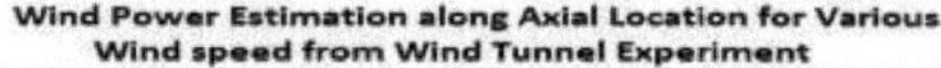

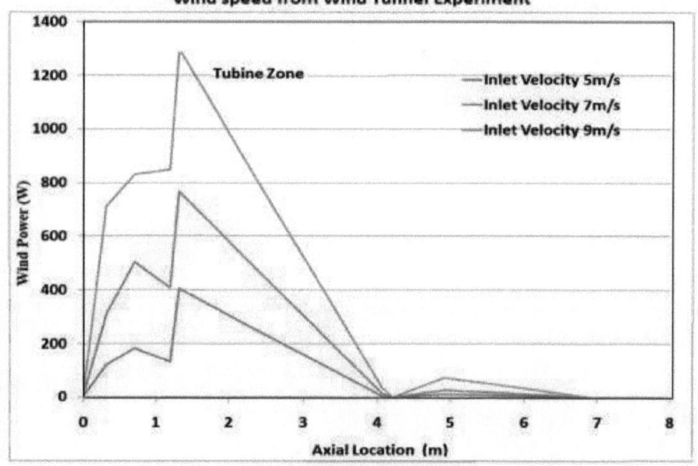

Figura 5.41 Estimativa da potência eólica para várias velocidades do vento no túnel de vento Layout

5. COMPARAÇÃO ENTRE OS RESULTADOS DA EXPERIMENTAÇÃO E DA ANÁLISE COMPUTACIONAL

A velocidade de entrada do vento de 5,5 m/s atinge uma velocidade máxima de 53 m/s e 52,5 m/s na instalação do rotor da turbina, como indicado no MATLAB Simulink e na ferramenta Ansys Fluent, respetivamente. Os resultados numéricos e analíticos são investigados comparativamente, e o resultado é apresentado na Figura 5.42, que ilustra o resultado do projeto I^2NS^2F tanto no MATLAB Simulink como na ferramenta Ansys. Ao concluir a investigação com a sua dimensão optimizada perfeita, ambas as metodologias produzem 87,07% de resultados equivalentes. Com base neste resultado, é possível concluir que o projeto I^2NS^2F é mais adequado para as zonas 3 e 4 da classe de vento fraco (classe de vento IEC). A conceção I^2NS^2F atingiu uma velocidade do vento na secção venturi de 31,6 m/s para um vento de entrada de 5,5 m/s na experiência em túnel de vento. A Figura 5.43 ilustra os resultados comparativos obtidos para o projeto I^2NS^2F proposto a partir dos resultados numéricos, analíticos e experimentais.

O projeto I^2NS^2F obteve uma velocidade do vento na secção venturi de 26m/s para uma velocidade do vento de entrada de 5m/s no túnel de vento. Existe uma variação de cerca de 37% em comparação com a simulação numérica. A redução da escala de máquinas rotativas resulta sempre em perdas de eficiência, o que é expetável (Deam 2008, Akour & Bataineh 2019). Foram estudados modelos à escala reduzida, inferiores a 1 m, em túneis de vento. O bloqueio é sempre considerado nestes modelos à escala reduzida. Os bloqueios no túnel, até 10%, têm sido considerados como resultados satisfatórios (Howell *et al.* 2010). De acordo com os modelos à escala reduzida utilizados em estudos de túneis de vento, os sistemas de turbinas eólicas têm uma potência inferior. Isto deve-se aos rácios de velocidade de ponta mais baixos, uma vez que os diâmetros são mais pequenos. Além disso, é produzida menos potência pela turbina devido ao seu modelo reduzido. Como resultado, os valores de CP tornam-se baixos (Howey *et al.* 2011).

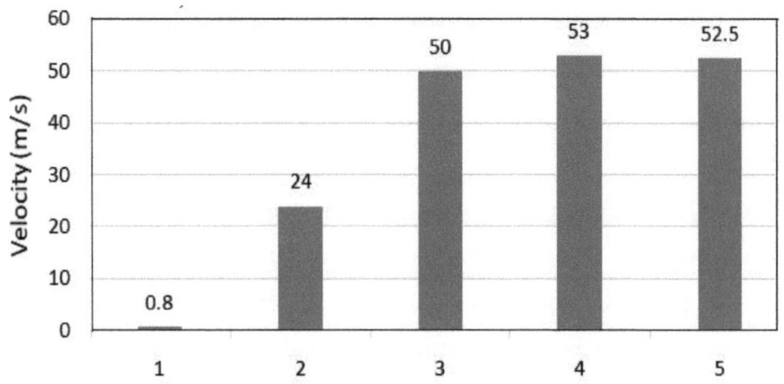

Figura 5.42 Comparação da velocidade de saída no MATLAB Simulink e no Ansys Fluent Tool

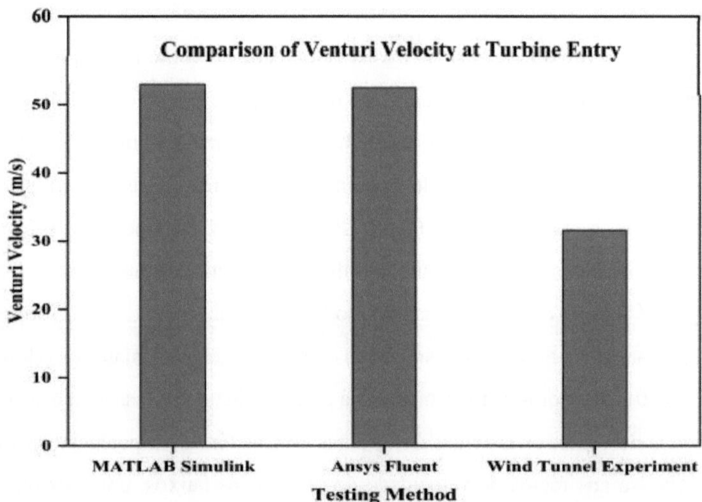

Figura 5.43 Comparação da velocidade Venturi de vários métodos de ensaio

5.6 RESUMO

Este capítulo aborda o MATLAB Simulink e o Ansys Fluent para efetuar um estudo computacional detalhado de turbinas eólicas, com ênfase na distribuição da velocidade em várias velocidades de vento de entrada. Apresenta a técnica de aprendizagem profunda MFBW-LSTM para a previsão da velocidade do vento e o cálculo da potência, que foi confirmada através de indicadores-chave de desempenho. É efectuada uma análise comparativa dos modelos LSTM, BW-LSTM, MF-LSTM e MFBW-LSTM, com resultados resumidos para uma velocidade de entrada de 5,5 m/s. São efectuadas experiências em túnel de vento com modelos à escala para validar os resultados. O próximo capítulo explora as conclusões e faz recomendações para futuras direcções de investigação.

CAPÍTULO 6

CONCLUSÕES E RECOMENDAÇÕES PARA ESTUDOS FUTUROS

1.1 INTRODUÇÃO

Este capítulo conclui o desenvolvimento de um projeto inovador de I^2NS^2F para aumentar a velocidade do vento em zonas de vento fraco. O projeto proposto produz uma velocidade máxima de turbina eólica de cerca de 52,5 m/s a partir de um fluxo de vento sem entrada de 5,5 m/s, exibindo uma eficiência notável no aumento da velocidade do vento enquanto limita a queda de pressão. A tremonha com ventilador de entrada, o ventilador natural, as partes convergentes e divergentes e o divisor de extremidades contribuem para a eficiência do projeto. Os estudos em túnel de vento num modelo impresso em 3D reduzido corroboram os resultados computacionais, e o estudo subsequente do modelo de aprendizagem profunda MFBW-LSTM demonstra a sua utilidade na previsão da velocidade com um nível de precisão de 95%. Embora a investigação atual produza resultados promissores, sugere-se também uma investigação futura sobre aspectos de conceção, vários modelos DL para prever variações de velocidade e modelos experimentais ampliados em túneis de vento com secções de ensaio maiores.

1.2 CONCLUSÕES

- Este artigo de investigação descreve a evolução de uma conceção única de I^2NS^2F para aumentar a velocidade do vento em zonas de vento fraco. O resultado mostra que o projeto proposto atinge o máximo de aproximadamente 52,5 m/s de velocidade da turbina eólica para um fluxo de vento sem entrada de 5,5 m/s na zona do rotor da turbina. Devido aos seguintes elementos-chave de projeto, o projeto I^2NS^2F

proposto tem uma elevada eficiência no aumento da velocidade do vento e na redução da perda de carga.

- A tremonha com ventilador de entrada aspira o vento omnidirecional de todas as direcções.
- O ventilador natural recolhe o vento de entrada e move-o através da secção convergente.
- As secções convergentes e divergentes evitam mudanças bruscas na trajetória do fluxo de vento, impedem a perda de energia cinética e mantêm o movimento do vento para a frente.
- O separador de extremidades com a abertura é colocado na secção divergente que permite que a turbina saia do vento residual para o ambiente.

➢ A turbina eólica I^2NS^2F proposta para a região de vento fraco (zonas de classe de vento IEC 3 e 4) é desenvolvida para aproveitar a energia eólica de forma ecológica, menos ruidosa, economicamente viável e ininterrupta.

➢ Os testes em túnel de vento foram realizados num modelo reduzido de baixo peso impresso em 3D para obter o contorno da velocidade ao longo da direção axial do desenho da turbina eólica para validar os resultados computacionais.

➢ Apesar dos resultados promissores da conceção I^2NS^2F, foi efectuada uma investigação mais aprofundada sobre o modelo de aprendizagem profunda MFBW-LSTM para prever a velocidade ao longo da trajetória do fluxo de vento dos vários fluxos de entrada.

➢ O modelo de aprendizagem profunda MFBW-LSTM proposto é eficientemente executado para o processo de previsão da velocidade para vários fluxos de vento de entrada com um nível de precisão de 95%. Além disso, as métricas de erro como MAE, MAPE, MSE e RMSE são estimadas para verificação.

1.3 RECOMENDAÇÕES PARA ESTUDOS FUTUROS

Apesar dos resultados promissores da conceção I^2NS^2F, poderá ser necessária mais investigação sobre novas caraterísticas da tremonha com ventilador de entrada, secção convergente e divergente e separador de extremidades para obter ainda melhores resultados.

Os modelos de aprendizagem profunda Gated Recurrent Unit (GRU) também podem ser desenvolvidos para prever a velocidade ao longo do percurso do fluxo para vários fluxos de vento de entrada.

Podem ser utilizados vários modelos experimentais inovadores em miniatura 3D à escala em secções de ensaio maiores, sendo ainda necessários ensaios em túnel de vento para o modelo físico.

1.4 RESUMO

Em suma, o relatório do estudo engloba o desenvolvimento de um projeto inovador I2NS2F adequado para zonas de vento fraco, que resultou num aumento significativo da velocidade do vento e numa redução da perda de pressão. A validação através de testes em túnel de vento num modelo impresso em 3D à escala confirma os resultados computacionais, enquanto uma análise mais aprofundada do modelo de aprendizagem profunda MFBW-LSTM indica a sua precisão na antecipação de variações de velocidade. A investigação futura deve centrar-se na melhoria das caraterísticas críticas do projeto, na exploração de modelos alternativos de aprendizagem profunda para GRU e na realização de ensaios experimentais à escala num túnel de vento maior para validar o modelo físico.

REFERÊNCIAS

1. Abe, KI, & Ohya, Y 2004, 'An investigation of flow fields around flanged diffusers using CFD', Journal of Wind Engineering and Industrial Aerodynamics, vol. 92, pp. 315-330.

2. Agha, A, Chaudhry, HN & Wang, F 2018, 'Diffuser augmented wind turbine (DAWT) technologies: a review', International Journal of Renewable Energy Research, vol. 8, no. 3, pp. 1369-1385.

3. Akour, SN & Bataineh, HO 2019, 'Design considerations of wind funnel concentrator for low wind speed regions', AIMS Energy, vol. 7, no. 6, pp. 728-742.

4. Alanis, A, Franco, JA, Piedra, S & Jauregui, JC 2021, 'A novel high performance diffuser design for small DAWT's by using a blunt trailing edge airfoil', Wind and Structures, vol. 32, no. 1, pp. 47-53.

5. Aliva Routray, Khyati D Mistry, Sabha Raj, A & Chittibabu, B 2020, 'Applied machine learning in wind speed prediction and loss minimization in unbalanced radial distribution system', Energy Sources, Part A: Recovery, Utilization, and Environmental Effects, pp. 1-21.

6. Allaei, D & Andreopoulos, Y 2014, 'INVELOX: Descrição de um novo conceito em energia eólica e sua avaliação de desempenho', Energy, vol. 69, pp. 336-344.

7. Allaei D, & Andreopoulos, Y, 2013, 'INVELOX: A new concept in wind energy harvesting', ASME 2013 7th International Conference on Energy Sustainability, p. 1-5.

8. Allison, S, Bai, H & Jayaraman, B 2019, 'Estimating wind velocity with a neural network using quadcopter trajectories', In AIAA Scitech 2019 Forum, p. 1596.

9. Allison, S, Bai, H & Jayaraman, B 2020, "Estimativa do vento utilizando o movimento de um quadricóptero: A machine learning approach", Aerospace Science and Technology, vol. 98, 105699.

10. Alpman, E 2018, 'Multiobjective aerodynamic optimization of a microscale ducted wind turbine using a genetic algorithm', Turkish Journal of Electrical Engineering & Computer Sciences, vol. 26, no. 1, pp. 618-629.

11. Altan, A, Karasu, S & Zio, E 2021, "Um novo modelo híbrido para a previsão da velocidade do vento que combina uma rede neural de memória de curto prazo, métodos de decomposição e um optimizador de lobo cinzento", Applied Soft Computing, vol. 100, artigo n.º. 106996.

12. Aly, HH 2020, "A novel deep learning intelligent clustered hybrid models for wind speed and power forecasting", Energy, vol. 213, 118773.

13. Amiri, M, Kahrom, M & Teymourtash 2019, 'Análise Aerodinâmica de uma Turbina Eólica Savonius Pivotada de Três Pás: Wind Tunnel Testing and Numerical Simulation", Journal of Applied Fluid Mechanics, vol. 12, no. 3, pp. 819-829.

14. Anbarsooz, M, Amiri, M & Rashidi, I 2019, "A novel curtain design to enhance the aerodynamic performance of INVELOX: A steady-RANS numerical simulation", Energy, vol. 168, pp. 207-221.

15. Anbarsooz, M, Mohammad Sadegh, H & Moetakef-Imani, B 2017, 'Numerical study on the geometrical parameters affecting the aerodynamic performance of INVELOX', IET Renewable Power Generation, vol. 11, no. 6, pp. 791-798.

16. Araya, IA, Valle, C & Allende, H 2019, 'A Multi-Scale Model based on the Long Short-Term Memory for day ahead hourly wind speed forecasting', Pattern Recognition Letters.vol. 136, pp. 333-340.

17. Aresti, L, Tutar, M, Chen, Y & Calay, RK 2013, 'Estudo computacional de uma turbina eólica de eixo vertical (VAWT) de pequena escala: desempenho comparativo de vários modelos de turbulência', Wind and Structures,
vol. 17, n.º 6, pp. 647-670.

18. Asghar, AB & Liu, X 2018, "Adaptive neuro-fuzzy algorithm to estimate effective wind speed and optimal rotor speed for variable-speed wind turbine", Neuro Computing, vol. 272, pp. 495-504.

19. Avallone, F, Ragni, D & Casalino, D 2020, "On the effect of the tip-clearance ratio on the aero acoustics of a diffuser-augmented wind turbine", Renewable Energy, vol.152, pp.1317-1327.

20. Bakırcı, M & Yılmaz, S 2018, 'Theoretical and computational investigations of the optimal tip-speed ratio of horizontal-axis wind turbines', Engineering Science and Technology, an International Journal, vol. 21, no. 6, pp. 1128-1142.

21. Balaji, B & Gnanambal, I 2014, 'Wind power generator using horizontal axis wind turbine with convergent nozzle', Journal of Scientific & Industrial Research, vol. 73, pp. 375-380.

22. Bardal, LM & Sætran, LR 2017, "Influência da intensidade da turbulência nas curvas de potência das turbinas eólicas", Energy Procedia, vol. 137, pp. 553-558.

23. Bassett, K, Carriveau, R & Ting, DSK 2015, '3D printed wind turbines part 1: Design considerations and rapid manufacture potential", Sustainable Energy Technologies and Assessments, vol. 11, pp. 186-193.

24. Bekir, A & Reşat, S 2019, 'Estimativa do valor de produção de energia de turbinas eólicas usando algoritmos de aprendizado de máquina e desenvolvimento de programa de implementação', Fontes de energia, parte A: recuperação, utilização e efeitos ambientais, vol. 43, no. 6, pp. 692-704.

25. Ben Redwood, Filemon Schöffer & Brian Garret 2017, 'The 3D Printing Handbook: Technologies, Design, and Applications", 3D Hubs B.V, Amesterdão.

26. Besikci, EB, Arslan, O, Turan, O & Olcer, A 2016, 'An artificial neural network based decision support system for energy efficient ship operations', Computers & Operations Research, vol. 66, pp. 393-401.

27. Bórawski, P, Bełdycka-Bórawska, A, Jankowski, KJ, Dubis, B & Dunn, JW 2020, "Desenvolvimento do mercado da energia eólica na União Europeia", Renewable Energy, vol. 161, pp. 691-700.

28. Bosnar, D, Kozmar, H, Pospisil, S &Machacek, M 2021, 'Thrust force and base bending moment acting on a horizontal axis wind turbine with a high tip speed ratio at high yaw angles', Wind and Structures, vol. 32, no. 5, pp. 471-485.

29. Cao, H, Xin, Y & Yuan, Q 2016, 'Prediction of biochar yield from cattle manure pyrolysis via least squares support vetor machine intelligent approach', Bioresource technology, vol. 202, pp. 158-164.

30. Carta, JA, Cabrera, P, Matías, JM & Castellano, F 2015, 'Comparação de métodos de seleção de caraterísticas utilizando RNAs em métodos de velocidade do vento MCP. Um estudo de caso", Applied Energy, vol. 158, pp. 490-507.

31. Catalao, J, Pousinho, H & Mendes, V 2011, 'Hybrid wavelet-PSO-ANFIS approach for short term wind power forecasting in Portugal', IEEE Transactions on Sustainable Energy, vol. 2, no. 1, pp. 50-59.

32. Çetin, NS, Yurdusev, MA, Ata, R & Ozdamar, A 2005, "Assessment of optimum tip speed ratio of wind turbines", Mathematical and Computational Applications, vol. 10, no. 1, pp. 147-154.

33. Chen, TY, Liao, YT, & Cheng, CC, 2012, "Desenvolvimento de pequenas turbinas eólicas para veículos em movimento: Effects of flanged diffusers on rotor performance", Experimental Thermal and Fluid Science, vol. 42, pp. 136-142.

34. Chen, MR, Zeng, GQ, Lu, KD &Weng, J 2019, 'A two-layer nonlinear combination method for short-term wind speed prediction based on ELM, ENN, and LSTM', IEEE Internet of Things Journal, vol. 6, no. 4, pp. 6997-7010.

35. Chipo Shonhiwa & Golden Makaka 2016, 'Concentrator Augmented Wind Turbines: A review", Renewable and Sustainable Energy reviews, vol. 59, pp. 1415-1418.

36. Cui, Q, Liu, Y, Ali, T, Gao, J & Chen, H. 2020, 'Economic and climate impacts of reducing China's renewable electricity curtailment: A comparison between CGE models with alternative nesting structures of electricity", Energy Economics, vol. 91, article no. 104892, pp. 1-16.

37. Dominiczak, K, Rzadkowski, R, Radulski, W & Szczepanik, R 2016, 'Online Prediction of Temperature and Stress in Steam Turbine Components Using Neural Networks', Journal of Engineering for Gas Turbines and Power, vol. 138, no. 5, pp. 60-73.

38. De Lellis, M, Reginatto, R, Saraiva, R & Trofino, A 2018, 'The Betz limit applied to airborne wind energy', Renewable Energy, vol. 127, pp. 32-40.

39. Deam, RT 2008, "On scaling down turbines to millimeter size", Journal of Engineering for Gas Turbines and Power, vol. 130, pp. 52301-52309.

40. Ding, L & Guo, T 2020, 'Numerical study on the power efficiency and flow characteristics of a new type of wind energy collection device', Applied Sciences, vol. 10, no. 21, 7438.

41. Comité F42 2009, "Terminology for Additive Manufacturing Technologies", ASTM International.

42. Fu, LM 2003, "Neural networks in computer intelligence", Tata McGraw-Hill Education, Nova Deli.

43. Gavade, AA, Mulla, AS, Ransing, AM, & Sane, NM 2018, 'Design and manufacturing of INVELOX to generate Wind power using

nonconventional energy sources', International Journal of Advanced Research in Science and Engineering, vol. 7, pp. 588-592.

44. Gao, W, Zhang, Y, Ramanujan, D, Ramani, K, Chen, Y, Williams, CB, Wang, CCL, Shin, YC, Zhang, S & Zavattieri, PD 2015, 'The status, challenges, and future of additive manufacturing in engineering', Computer-Aided Design, vol. 69, pp. 65-89.

45. Gardan, DLF, & Bibeah, EL 2010, 'A numerical investigation into the effect of diffusers on the performance of hydrokinetic turbines using a validated momentum source turbine mode', Renewable Energy, vol. 35, pp. 1152-1158.

46. Ghorbani, M, Khatibi, R, FazeliFard, M, Naghipour, L & Makarynskyy, O 2016, 'Short-term wind speed predictions with machine learning techniques', Meteorology and Atmospheric Physics, vol. 128, n.º 1, pp. 57-72.

47. Gil-García, IC, García-Cascales, MS, Fernández-Guillamón, A & Molina-García, A 2019, 'Categorização e análise de factores relevantes para localizações óptimas em centrais eólicas on-shore e offshore: A taxonomic review", Journal of Marine Science and Engineering, vol. 7, no. 11, pp. 1-21.

48. Goh, H, Lee, S, Chua, Q, Goh, K & Teo, K 2016, 'Wind energy assessment considering wind speed correlation in Malaysia', Renewable and Sustainable Energy Reviews, vol. 54, pp. 1389-1400.

49. Gohar, GA, Manzoor, T, Ahmad, A, Hameed, Z, Saleem, F, Ahmad, I, Sattar A & Arshad A 2019, 'Design and comparative analysis of an INVELOX wind power generation system for multiple wind turbines through computational fluid dynamics', Advances in Mechanical Engineering, vol. 11, no. 4, pp. 1-10.

50. Golozar, A, Shirazi, F A, Siahpour, S, Khakiani F N & Gaemi Osguei, K 2021, 'A novel aerodynamic controllable roof for improving performance of INVELOX wind delivery system', Wind Engineering, vol. 45, no. 3, pp. 477-490.

51. Goyal, S, Maurya, SK, Kumar, S & Agarwal, D 2020, "A Consolidation Review of Major Wind Turbine Models in Global Market", Conferência Internacional sobre Eletrónica de Potência e Aplicações IoT em Energias Renováveis e seu Controlo (PARC), IEEE, pp. 246-251.

52. Guo, Y, Chen, Y, Ma, J, Zhu, H, Cao, X, Wang, N & Wang, ZL 2019, 'Colheita de energia eólica: A hybridized design of pinwheel by coupling tribo electrification and electromagnetic induction effects", Nano Energy, vol. 60, pp. 641-648.

53. GWEC 2021, "Global Wind Report 2021", Conselho Mundial da Energia Eólica, pp. 1-80.

54. Hanna, S 2019, "Introducing INVELOX Technology to Generate Energy Using Wind and Wind Turbines by Retrofitting Traditional Wind Turbines", tese de mestrado, California State University, Sacramento.

55. Hao Wang, Zhang, YM, Mao, JX & Wan, HP 2020, 'A probabilistic approach for short-term prediction of wind gust speed using ensemble learning', Journal of Wind Engineering & Industrial Aerodynamics, vol. 202, article no. 104198, pp. 1-14.

56. Hao, Z, Niu, D, Yu, M, Wang, K, Liang, Y & Xu, X 2020, 'A Hybrid Deep Learning Model and Comparison for Wind Power Forecasting Considering Temporal-Spatial Feature Extraction', MDPI Sustainability, vol. 12, no. 22, p. 9490.

57. Hervas-Martinez, C, Salcedo-Sanz, S, Gutierrez, PA, Ortiz-Garcia, EG & Prieto, L 2012, 'Evolutionary product unit neural networks for shortterm wind speed forecasting in wind farms', Neural Computing and Applications, vol. 21, no. 5, pp. 993-1005.

58. Hosseini, SR & Ganji, DD 2020, "A novel design of nozzle-diffuser to enhance performance of INVELOX wind turbine", Energy, vol. 198, pp. 1-16.

59. Howell, R, Qin, N, Edwards, J & Durrani N 2010, 'Wind tunnel and numerical study of a small vertical axis wind turbine', Renewable Energy, vol. 35, no. 2, pp. 412-422.

60. Howey, DA, Bansal, A & Holmes, AS 2011, 'Design and performance of a centimetre-scale shrouded wind turbine for energy harvesting', Smart Materials and Structures, vol. 20, artigo n.º. 085021, pp. 1- 12.

61. Hu, Q, Zhang, R & Zhou, Y 2016, "Transfer learning for short-term wind speed prediction with deep neural networks", Renewable Energy, vol. 85, pp. 83-95.

62. Hu, YL & Chen, L 2018, 'A nonlinear hybrid wind speed forecasting model using LSTM network, hysteretic ELM and Differential Evolution algorithm', Energy Conversion and Management, vol. 173, pp. 123-142.

63. Hui Liu, Chao Chen, Xinwei LV, Xing Wu & Min Liu 2019, "Deterministic wind energy forecasting: A review of intelligent predictors and auxiliary methods", Energy Conversion and Management, vol. 195, pp. 328-345.

64. Ibrahim, M, Alsheikh, A, Al-Hindawi, Q, Al-Dahidi, S & El Moaqet, H, 2020, 'Short-time wind speed forecast using artificial learning-based algorithms', Computational Intelligence and Neuroscience, vol. 2020, pp. 1-15.

65. İlhan, A, Tumse, S, Oasci, M, Bilgili, M ahin, B 2022, 'Particle image velocimetry investigation of the flow for the curved type wind turbine shroud', Journal of Applied Fluid Mechanics, vol. 15, n.º 2, pp. 373-385.

66. Iqbal, A, Ying, D, Saleem, A, Hayat, MA & Mehmood, K 2020, 'Efficacious pitch angle control of variable-speed wind turbine using fuzzy based predictive controller', Energy Reports, vol. 6, pp. 423-427.

67. Jafari, SA & Kosasih, B 2014, 'Analysis of the power augmentation mechanisms of diffuser shrouded micro wind turbine with computational fluid dynamics simulations', Wind and Structures, vol. 19, n.º 2, pp. 199-217.

68. Jafari S A & Kosasih, B 2014, 'Flow analysis of shrouded small wind turbine with a simple frustum diffuser with computational fluid dynamics simulations', Journal of Wind Engineering and Industrial Aerodynamics, vol. 125, pp. 102-110.

69. Jaseena, KU & Kovoor, BC 2021, 'Decomposition-based hybrid wind speed forecasting model using deep bidirectional LSTM networks', Energy Conversion and Management, vol. 234, article no. 113944, pp. 1-26.

70. Joan Horvath & Rich Cameron 2020, 'Mastering 3D Printing: A Guide to Modeling, Printing, and Prototyping", Apress Publisher, Nova Iorque.

71. Johari, MK, Jalil, M & Shariff, MFM 2018, 'Comparação da turbina eólica de eixo horizontal (HAWT) e da turbina eólica de eixo vertical (VAWT)', International Journal of Engineering and Technology, vol. 7, no. 4.13, pp. 74-80.

72. John D Anderson, Jr 1995, 'Computational Fluid Dynamics The Basics With Applications', Mcgraw-Hill Inc, New Delhi.

73. Kannan, TS, Mutasher, SA & Lau, YK 2013, 'Design and flow velocity simulation of diffuser augmented wind turbine using CFD', Journal of Engineering Science and Technology, vol. 8, no. 4, pp. 372-384.

74. Khamlaj, TA & Rumpfkeil, MP 2017, 'Theoretical analysis of shrouded horizontal axis wind turbines', Energies, vol. 10, no. 1, p. 38.

75. Khan, M, Liu, T & Ullah, F 2019, 'A new hybrid approach to forecast wind power for large scale wind turbine data using deep learning with Tensor Flow framework and Principal component analysis', Energies, vol. 12, no. 12, pp. 22-29.

76. Khodayar, M & Wang, J 2018, 'Spatio-temporal graph deep neural network for short-term wind speed forecasting', IEEE Transactions on Sustainable Energy, vol. 10, no. 2, pp. 670-681.

77. Khodayar, M, Kaynak, O & Khodayar, ME 2017, 'Rough deep neural architecture for short-term wind speed forecasting', IEEE Transactions on Industrial Informatics, vol. 13, pp. 2770-2779.

78. Kosasih, B & Hudin, HS 2016, 'Influence of inflow turbulence intensity on the performance of bare and diffuser-augmented micro wind turbine model', Renewable Energy, vol. 87, pp. 154-167.

79. Kulkarni, MA, Patil, S, Rama, G & Sen, P 2008, 'Wind speed prediction using statistical regression and neural network', Journal of Earth System Science, vol. 117, no. 4, pp. 457-463.

80. Li, W, Jia, X, Li, X, Wang, Y & Lee, J 2021, "A Markov model for short term wind speed prediction by integrating the wind acceleration information", Renewable Energy, vol. 164, pp. 242-253.

81. Lin, Z & Liu, X 2020, 'Wind power forecasting of an offshore wind turbine based on high-frequency SCADA data and deep learning neural network', Energy, vol. 201, 117693.

82. Liu Hongwei, Zhang, Z, Jia, H, Li, Q, Liu, Y & Leng, J 2020, 'A novel method to predict the stiffness evolution of in-service wind turbine blades based on deep learning models', Composite Structures, vol. 252, 112702, pp.1- 12.

83. Liu, H, Mi, X & Li, Y 2018, "Modelo de previsão da velocidade do vento baseado em aprendizagem profunda inteligente utilizando a decomposição de pacotes wavelet, a rede neural convolucional e a rede convolucional de memória de curto prazo", Energy Conversion and Management, vol. 166, pp. 120-131.

84. Liu, H & Chen, C 2019, 'Multi-objective data-ensemble wind speed forecasting model with stacked sparse auto encoder and adaptive decomposition-based error correction', Applied Energy, vol. 254, p. 113686.

85. Liu, Y, Qin, H, Zhang, Z, Pei, S, Jiang, Z, Feng, Z & Zhou, J 2020, 'Probabilistic spatiotemporal wind speed forecasting based on a variational Bayesian deep learning model', Applied Energy, vol. 260, 114259, pp.1- 10.

86. Lokesharun, D, Rameshkumar, S, Navaneeth, BS & Kirubakaran, R 2019, 'Design and Analysis of Diffuser Augmented Wind Turbine using CFD', International Journal of Mechanical and Industrial Technology, vol. 7, no. 1, pp. 1-13.

87. Lou, B, Huang, Z, Ye, S & Wang, G 2020, 'Experimental and numerical studies on aerodynamic control of NACA 4418 airfoil with a rotating cylinder', Journal of Vibration Engineering & Technologies, vol. 8, no. 1, pp. 141-148.

88. Ma, Z, Chen, H, Wang, J, Yang, X, Yan, R, Jia, J & Xu, W 2020, 'Application of hybrid model based on double decomposition, error correction and deep learning in short-term wind speed prediction', Energy Conversion and Management, vol. 205, 112345, pp.1- 17.

89. Mansour, K & Meskinkhoda, P 2014, 'Computational analysis of flow fields around flanged diffusers', Journal of Wind Engineering and Industrial Aerodynamics, vol. 124, pp. 109-120.

90. Manwell, JF, Mc Gowan, JG & Rogers, AL 2009, 'Wind Energy Explained Theory, Design and Application', John Wiley and Sons, West Sussex, UK.

91. Memarzadeh, G & Keynia, F 2020, 'A new short-term wind speed forecasting method based on fine-tuned LSTM neural network and optimal input sets', Energy Conversion and Management, vol. 213, article no. 112824, pp. 1- 15.

92. Masseran, N 2016, "Modeling the fluctuations of wind speed data by considering their mean and volatility effects", Renewable and Sustainable Energy Reviews, vol. 54, pp. 777-784.

93. Men, Z, Yee, E, Lien, F-S, Wen, D & Chen, Y 2016, 'Short-term wind Previsão de velocidade e potência utilizando um conjunto de densidades de mistura
neural networks", Renewable Energy, vol. 87, pp. 203-211.

94. Mirfazli, SK, Giahi, MH & Dehkordi, AJ 2019, 'Otimização numérica de uma turbina eólica de eixo vertical: estudo de caso no campus da TMU', Wind and Structures, vol. 28, no. 3, pp. 191-201.

95. Moreno Nieto, D, Casal López, V & Molina, SI 2018, "Fabrico aditivo baseado em pastilhas poliméricas de grande formato para a indústria naval", Additive Manufacturing, vol. 23, pp. 79-85.

96. Nallapaneni, MK, Subathrab, MSP & Cota, OD 2015, 'Design and Wind Tunnel Testing of Funnel Based Wind Energy Harvesting System', Elsevier Procedia Technology, vol. 21, pp. 33-40.

97. Nardecchia, F, Groppi, D, Astiaso Garcia, D, Bisegna, F, & De Santoli, L 2021, "A new concept for a mini ducted wind turbine system", Renewable Energy, vol. 175, pp. 610-624.

98. Nardecchia, F, Groppi, D, Lilliu, I, Astiaso Garcia, D, & De Santoli L 2020, 'Increasing energy production of a ducted wind turbine system', Wind Engineering, vol. 44, pp. 560-576.

99. Nielson, J, Bhaganagar, K, Meka, R & Alaeddini, A 2020, 'Using atmospheric inputs for Artificial Neural Networks to improve wind turbine power prediction', Energy, vol. 190, 116273.

100. Ohba, M 2019, "The impact of global warming on wind energy resources and ramp events in Japan", Atmosphere, vol. 10, no. 5, p. 265.

101. Ohya, Y, Karasudani, T, Sakurai, A, Abe, KI, & Inoue, M, 2008, "Development of a shrouded wind turbine with a flanged diffuser", Journal of Wind Engineering and Industrial Aerodynamics, vol. 96, pp. 524-539.

102. Orosa, JA, García-Bustelo, EJ, & Oliveira, AC, 2012, 'An Experimental Test of Low Speed Wind Turbine Concentrators', Energy Sources, Part A: Recovery, Utilization, and Environmental Effects, vol. 34, pp. 1222-1230.

103. Patel, SN 2018, 'Numerical simulation of flow through INVELOX wind turbine system', International Journal of Renewable Energy Research, vol. 8, pp. 291-301.

104. Peter, E & George, X 2019, "Examining the trends of 35 years growth of key wind turbine components", Energy for Sustainable Development, vol. 50, pp. 18-26.

105. Peter, EJ, Abdalfadel, Y & Yuxuan, C 2017, 'Design and Analysis of a Dual Rotor Turbine with a Shroud Using Flow Simulations', Journal of Power and Energy Engineering, vol. 5, pp. 25-40.

106. Petkovic, D 2015, "Adaptive neuro-fuzzy approach for estimation of wind speed distribution", International Journal of Electrical Power & Energy Systems, vol. 73, pp. 389-392.

107. Phillips, D G 2003, "An investigation on Diffuser Augmented Wind Turbine design", tese de doutoramento, Universidade de Auckland.

108. Qin, S, Liu, F, Wang, J & Song, Y 2015, 'Interval forecasts of a novelty hybrid model for wind speeds', Energy Reports, vol. 1, pp. 8-16.

109. Ragheb, M & Ragheb, AM 2011, 'Wind turbines theory-the betz equation and optimal rotor tip speed ratio', Fundamental and Advanced Topics in Wind Power, vol. 1, no. 1, pp. 19-38.

110. Ramasamy, P, Chandel, S & Yadav, AK 2015, 'Wind speed prediction in the mountainous region of India using an artificial neural network model', Renewable Energy, vol. 80, pp. 338-347.

111. Rehman, S, Alam, MM, Alhems, LM & Rafique, MM 2018, 'Horizontal axis wind turbine blade design methodologies for efficiency enhancement- A review', Energies, vol. 11, no. 3, 506.

112. Rosenberg, A, Selvaraj, S & Sharma, A 2014, 'A Novel Dual-Rotor Turbine for Increased Wind Energy Capture', Journal of Physics: Conference Series, vol. 524. no. 1.

113. Saleem, A & Kim, M H 2019, 'Effect of rotor tip clearance on the aerodynamic performance of an aerofoil based ducted wind turbine', Energy Conversion and Management, vol. 201, 112186.

114. Salih NA, & Mahmoud AAM 2021, 'Parametric design analysis of elliptical shroud profile', AIMS Energy, vol. 9, pp. 1147-1169.

115. Santamaría-Bonfil, G, Reyes-Ballesteros, A & Gershenson, C 2016, 'Wind speed forecasting for wind farms: A method based on support vetor regression", Renewable Energy, vol. 85, pp. 790-809.

116. Sessarego, M, Feng, J, Ramos-García, N & Horcas, SG 2020, 'Design optimization of a curved wind turbine blade using neural networks and an aero-elastic vortex method under turbulent inflow', Renewable Energy, vol. 146, pp. 1524-1535.

117. Shadmand, S & Mashoufi, B 2016, 'A new personalized ECG signal classification algorithm using Block-based Neural Network and Particle Swarm Optimization', Biomedical Signal Processing and Control, vol.25, pp. 12-23.

118. Shahbazi, R, Kouravand, S & Hassan-Beygi, R 2019, 'Analysis of wind turbine usage in greenhouses: wind resource assessment, distributed generation of electricity and environmental protection', Energy Sources, Part A: Recovery, Utilization, and Environmental Effects, vol. 45, no. 3, pp. 1-21.

119. Shaterabadi, M, Jirdehi, M A, Amiri, N & Omidi, S 2020, 'Enhancement the economical and environmental aspects of plus-zero energy buildings integrated with INVELOX turbines', Renewable Energy, vol. 153, pp. 1355-1367.

120. Shi, Z, Liang, H & Dinavahi, V, 2018, 'Previsão de intervalo direto de energia eólica incerta baseada em redes neurais recorrentes', IEEE Transactions on Sustainable Energy, vol. 9, no. 3, pp. 1177-1187.

121. Sogukpinar, H 2020, 'Numerical investigation of influence of diverse winglet configuration on induced drag', Iranian Journal of Science and Technology Transactions of Mechanical Engineering, vol. 44, no. 1, pp. 203-215.

122. Solanki, AL, Kayasth, BD & Bhatt, H 2017, 'Design modification & analysis for venturi section of INVELOX system to maximize power using multiple wind turbine', International Journal for Innovative Research in Science & Technology, vol. 3, pp. 125-127.

123. Sorribes-Palmer, F, Sanz-Andres, A, Ayuso, L, Sant, R & Franchini, S 2017, 'Mixed CFD-1D wind turbine diffuser design optimization', Renewable Energy, vol. 105, pp. 386-399.

124. Srinivas Krishnaswamy 2022, "Wind Power: A Key Driver for India's Net Zero Emissions Target by 2070", Indian Wind Power, vol. 7, n.º 6, pp. 3-50.

125. Ssekulima, EB, Anwar, MB, Al Hinai, A & El Moursi, MS 2016, 'Wind speed and solar irradiance forecasting techniques for enhanced renewable energy integration with the grid: A review", IET Renewable Power Generation, vol. 10, no. 7, pp. 885-989.

126. Staid, A, Ver Hulst, C & Guikema, SD 2018, 'A Comparison of Methods for Assessing Power Output in Non-Uniform Onshore Wind Farms', Wind Energy, vol. 21, no. 1, pp. 42-52.

127. Sukkiramathi, K, Rajkumar, R & Seshaiah, CV 2020, 'Evaluation of wind power potential for selecting suitable wind turbine', Wind and Structures, vol. 31, no. 4, pp. 311-319.

128. Sun, W & Wang, Y 2018, "Previsão da velocidade do vento a curto prazo com base na decomposição rápida do modo empírico do conjunto, reconstrução do espaço de fase, entropia da amostra e rede neural de retropropagação melhorada", Energy Conversion and Management, vol. 157, pp. 1-12.

129. Taghinezhad, J & Sheidaei, S 2020, 'Prediction of operating parameters and output power of ducted wind turbine using artificial neural networks', Energy Reports, vol. 8, pp. 3085-3095.

130. Takeyeldein, M, Lazim, TM, Ishak, IS, Nik Mohd, RNK & Ali, EA 2020, 'Wind lens performance investigation at low wind speed', Evergreen, vol. 7, no. 4, pp. 481-488.

131. Thangavelu, SK, Wan, TGL & Piraiarasi, C 2020, 'Flow simulations of modified diffuser augmented wind turbine', In IOP Conference Series: Ciência e Engenharia de Materiais, IOP Publishing, vol. 886, no. 1, pp. 1-8.

132. Tofail, SAM, Koumoulos, EP, Bandyopadhyay, A, Bose, S, O'Donoghue, L & Charitidis, 2018, "Additive manufacturing: Scientific and technological challenges, market uptake and opportunities", Materials Today, vol. 21, pp. 22-37.

133. Torta, S & Torta, J 2019, "Impressão 3D: An Introduction", Mercury Learning And Information, Virgínia.

134. Toshio M, Shinya T & Seiichi M 2006. Characteristics of a highly efficient propeller type small wind turbine with a diffuser", Renewable Energy, vol. 31, pp. 1343-1354.

135. Trevor, ML 2017, "Wind Energy Engineering: A Handbook for Onshore and Offshore Wind Turbines", Capítulo 1, Academic Press, Cambridge.

136. UN FCCC 2015, "UN FCCC Paris Dec 2015 Agreement", Conferência das Partes, Paris: 1-32.

137. Vahideh, H & Ali Asghar, PK 2020, 'Algoritmo de otimização da Viúva Negra: A novel meta-heuristic approach for solving engineering optimization problems', Engineering Applications of Artificial Intelligence, vol. 87, article no. 103249.

138. Vaz, JRP & Wood, DH 2018, 'Effect of the diffuser efficiency on wind turbine performance', Renewable Energy, vol. 126, pp. 969-977.

139. Versteeg, HK & Malalasekera, W 2007, 'An Introduction to Computational Fluid Dynamics', Segunda Edição, Pearson Education Limited, Inglaterra.

140. Wang, F, Bai, L, Fletcher, J, Whiteford, J, & Cullen, D, 2008, "The methodology for aerodynamic study on a small domestic wind turbine with scoop", Journal of Wind Engineering and Industrial Aerodynamics, vol. 96, pp. 1-24.

141. Wang, W X, Matsubara, T, Hu, J, Odahara, S, Nagai, T, Karasutani, T & Ohya, Y 2015, 'Experimental investigation into the influence of the flanged diffuser on the dynamic behavior of CFRP blade of a shrouded wind turbine', Renewable Energy, vol.78, pp. 386-397.

142. Wang, J, Wang, Y & Li, Y 2018, 'A novel hybrid strategy using three-phase feature extraction and a weighted regularized extreme learning machine for multi-step ahead wind speed prediction', Energies, vol. 11, no. 2, p. 321.

143. Weihua Wang, Haili Liao, Mingshui Li & Hanjie Huang 2013, 'Similarity Study on Snowdrift Wind Tunnel Test', Open Journal of Civil Engineering, vol. 3, pp. 13-17.

144. Werle, M J, 2020, "An enhanced analytical model for airfoil-based shrouded wind turbines", Wind Energy, vol. 23, pp.1711-1725.

145. Xiangbin Meng 2022, 'Design Method of Product Concept Model Based on CAD Technology', Hindawi, Scientific Programming, vol. 2022, artigo n.º. 3605987.

146. Yan, J, Zhang, H, Liu, Y, Han, S, Li, L & Lu Z 2018, 'Forecasting the high penetration of wind power on multiple scales using multi-to-multi mapping', IEEE Transactions on Power Systems, vol. 33, no. 3, pp. 3276-3284.

147. Yuji, O, Takashi, K, Akira, S, Ken-ichi, A & Masahiro, I 2008, 'Development of a shrouded wind turbine with a flanged diffuser', Journal of Wind Engineering and Industrial Aerodynamics, vol. 96, pp. 524-539.

148. Zareipour, H & Wood D 2013. On error measures in wind forecasting evaluations", 26.ª Conferência Canadiana do IEEE sobre Engenharia Eletrotécnica e de Computadores (CCECE), 2013, pp. 1-6.

149. Zervoudakis, K & Tsafarakis, S 2020, 'A mayfly optimization algorithm', Computers & Industrial Engineering, vol. 145, article no. 106559.

150. Zhu, X, Liu, R, Chen, Y, Gao, X, Wang, Y & Xu, Z 2021, 'Wind speed behaviors feather analysis and its utilization on wind speed prediction using 3D-CNN', Energy, vol. 236, article no. 121523.

151. Zi, L, Liu X & Collu, M 2020, "Previsão da energia eólica com base em high-frequency SCADA data along with isolation forest and deep learning neural networks", International Journal of Electrical Power & Energy Systems, vol. 118, article no. 105835.

Printed by Books on Demand GmbH, Norderstedt / Germany